汉语现象学与跨文化哲学丛书

纠缠在故事之中
——论人与物的存在

In Geschichten verstrickt

——Zum Sein von Mensch und Ding

[德]威廉·沙普　著
王穗实　译
于　涛　校

贵州出版集团
贵州人民出版社

Wilhelm Schapp
In Geschichten verstrickt. Zum Sein von Mensch und Ding
Published by Richard Meiner, Hamburg, 1.Auflage 1953
本书根据理查德·迈纳出版社1953年版译出

图书在版编目（CIP）数据
纠缠在故事之中：论人与物的存在 / (德) 威廉·沙普著；王穗实译. -- 贵阳：贵州人民出版社, 2025. 3. -- (汉语现象学与跨文化哲学丛书 / 张伟, 王俊主编). -- ISBN 978-7-221-18870-0
Ⅰ. B81-06
中国国家版本馆CIP数据核字第2025QA4705号

纠缠在故事之中——论人与物的存在

JIUCHAN ZAI GUSHI ZHI ZHONG——LUN REN YU WU DE CUNZAI

［德］威廉·沙普/著
王穗实/译
于　涛/校

出 版 人：朱文迅
出版统筹：刘泽海
策划编辑：辜　亚
责任编辑：辜　亚　龙　婷
封面设计：陆红强
版式设计：元典文化
责任印制：尹晓蓓
出版发行：贵州出版集团　贵州人民出版社
地　　址：贵阳市观山湖区会展东路 SOHO 办公区 A 座
印　　刷：天津睿和印艺科技有限公司
版　　次：2025 年 3 月第 1 版
印　　次：2025 年 3 月第 1 次印刷
开　　本：889mm×1194mm　1/32
印　　张：8.75
字　　数：160 千字
书　　号：ISBN 978-7-221-18870-0
定　　价：78.00 元

《汉语现象学与跨文化哲学丛书》总序

现象学运动是二十世纪最重要的人文思想运动之一，“回到实事本身”代表了一种现代语境下的学术态度和生活态度。由现象学运动发端，在欧陆引发的存在主义、阐释学、后现代主义思潮，在英美思想界展开的现象学与分析哲学的对话等，以及在东亚世界关注的现象学与东西跨哲学的探讨，都可被看作现象学运动的思想效应。晚近以来，将现象学作为方法拓展到人文科学的广泛研究更是方兴未艾。

汉语世界对现象学的关注肇始于1920年代，至1980年代，现象学经典开始成规模地被翻译成汉语，胡塞尔、舍勒、海德格尔、梅洛-庞蒂、萨特等经典现象学家的著作激发了汉语哲学圈的浓厚兴趣，期间涌现了一批高水平的现象学译著和专著，为汉语世界所特有的现象学研究论题和原创性理论也被不断建构。在某种意义上看，现象学的研究和译介已成为当代汉语学术的奠基性领域之一。

今天在新的时代语境下，如何从现象学中发掘新的问题视角和学术论题，如何令现象学运动焕发新的思想活力，是新一代现象学研究者的使命。我们可以从三个层次来理解今天的现象学研究：首先是作为思想经典的现象学，包括对于经典现象学家著作的编纂、翻译和阐释，汉译《胡塞尔文集》《海德格尔文集》《梅洛-庞蒂文集》《舍勒全集》《列维纳斯文集》等现象学基本文献出版为汉语现象学研究提供了坚实的文本和思想基础。如果说汉语现象学也可以被视为一场思想运动，那么经典的翻译是其中最为重要的部分之一，为汉语人文研究提供了大量的思想语汇。同时，围绕这些经典文本，近年来汉语现象学的研究也在不断拓展视域，关于现象学运动史的研究不断深入。第二个层次是作为研究论题的现象学。现象学运动为当代哲学研究拓展了很多新的研究论题，身体、情感、意向性、实存、死亡、交互主体性、生活世界等等，根本上更新了当代哲学的研究视角和范式。在汉语学界，现象学运动与汉语思想资源的结合也产生了一批新的论题、或者赋予传统中国哲学论题以全新的意义，心性、天道、物、家、亲亲等等。第三个层次是作为研究方法的现象学。自胡塞尔开始，现象学就是一种方法，而且是一种富有当代性意义的方法，与各具体学科结合，推进了社会学、心理学、教育学、文艺学、历史学、宗教学、人类学等众多学科的理论更新。

近年来，这三个层次的现象学研究在汉语学界均得到了蓬勃发展，越来越多的优秀学者加入到现象学研究队伍当中。贵州人民出版社本着难能可贵的学术眼光和理论兴趣，支持现象学丛书的出版，是对汉语现象学研究的重要支持。本丛书所选书目，既包含经典现象学研究论著的翻译，也有当今最活跃的现象学专家的代表著作，体现了世界范围内现象学研究的新进展，对于汉语学界更加全面深入地了解现象学史和现象学研究，对于中国自主知识体系建构，都具有深远的意义。

《汉语现象学与跨文化哲学丛书》编委会

目　录

译者序

威廉·阿尔伯特·约翰·沙普（Wilhelm Albert Johann Schapp）于1884年10月15日出生于蒂梅尔（Timmel），1965年3月22日逝于桑德尔布施（Sanderbusch）。他生于东弗里斯兰的一个海员、船主和商人家庭，是一名律师、哲学家，路德宗信徒，先后获哲学博士和法学博士学位。父亲海约·沙普（Heyo Schapp）于1849年12月13日出生于格罗塞费恩（Großefehn），是一名商人，曾短暂担任蒂梅尔地区领导。母亲奥古斯特·弗里德里克（Auguste Friederike）于1853年6月13日出生于奥里希（Aurich）。沙普于1938年与路易斯·格勒内费尔德（Luise Groeneveld）结婚，并育有二子：大儿子哈尤·沙普（Hayo Schapp）出生于1939年5月4日，小儿子扬·沙普（Jan Schapp）[1]出生于1940年10月

① 扬·沙普（Jan Schapp，1940—），德国法学家、法哲学家，吉森大学荣休教授。著有《法律获得程序中的主体权利》（1977年）、《论私法与公法之关系》（1978年）、《法学方法论的主要问题》（1983年）、《法律行为理论的基本问题》（1986年）、《自由、道德与法律：法哲学大纲》（1994年）、《论自由与法律》（2008年）、《方法论与法律制度》（2009年），主编四卷本《威廉·沙普遗稿选集》（2016—2019年）。

31 日。

年幼时期的沙普先后在蒂梅尔与里尔（Leer）学习，并于1902 年在威廉港（Wilhelmshaven）通过了高中毕业考试。此后，他先后在弗莱堡和柏林学习法学与经济学。在弗莱堡学习的三个学期中，他曾参加过李凯尔特和科亨的课；随后在柏林学习期间，他曾参加过狄尔泰、施通普夫和齐美尔的课。值得一提的是，狄尔泰开设的讨论课曾经研究过《逻辑研究》，正是这一契机让沙普接触到胡塞尔。1905 年大学毕业之后，除了在柏林高等法院进行律师实习，他还满怀希望地来到了哥廷根跟随胡塞尔继续学习哲学，并成为他的第二位博士生。在哥廷根期间，除了胡塞尔的课程，沙普还旁听了科亨和心理学家格奥尔格•埃利亚斯•穆勒（Georg Elias Müller）的课程。随后他来到了慕尼黑，与围绕在普凡德尔周围的现象学家圈子建立了联系，并旁听了盖格尔和舍勒的课程，参加了利普斯和普凡德尔的讨论课。1909 年，沙普凭借《感知现象学论稿》[①] 以优异成绩 [②] 获得哲学博士学位。

1910 年获得哲学博士学位后，沙普并没有听从胡塞尔的鼓

---

① Schapp, W., *Beiträge zur Phänomenologie der Wahrnehmung*, Hrsg von Rolf. T., Frankfurt a.M., Klostermann [5]2013.意大利文译本题为*Contributialla fenomenologia della percezion*，译者Nuccilli, D., Sala, L., 2024年由米兰的Meltemi出版。

② 沙普："他（胡塞尔）做出了一个妥协，考试的总分是良，而论文的评价则是优。"见沙普：《回忆胡塞尔》，高松译，倪梁康编，《回忆埃德蒙德·胡塞尔》，北京：商务印书馆，2018年，第74页。下同。

励继续从事哲学学术研究，而是回到奥里希当了一名律师与公证人。

在赫尔曼·吕贝（Hermann Lübbe）[①]回忆的自己和沙普的对话中，沙普曾自述自己没有继续进行哲学学术生涯的原因："他相信自己还算可以从事哲学，但对于哲学的范围而言，三十年的教师生涯绝对不可能足够，今天他回想起来仍是如此。啊，我是指人们一开始总是说——学期初觉得教材不够，而每次到了学期末就证明时间是稀缺品。您认为呢？"[②]关于这一点，吕贝还谈道："但是这种对其他人哲学的掌握和传承，作为教学活动的主要部分，对他来说作为职业看起来从不诱人，而在此背后隐藏着一个由胡塞尔研讨班而来的不可磨灭的烙印。胡塞尔打断了一位对贝克莱发表长篇大论的学生，并希望他能讲讲他所看到的，而不是告知他所读到的。"[③]沙普一直是以自己的方式进行着现象学方式的考察，远离大学讲席并不有损于他的哲学思考。

在第一次世界大战期间，他曾服兵役前往西线，随后前往

① 赫尔曼·吕贝（Hermann Lübbe, 1926—），德国哲学家，里德学派学者，1971—1991年在苏黎世大学担任哲学和政治理论正教授，时任德国哲学学会主席。

② Lübbe, H., „Lebensweltgeschichten. Philosophische Erinnerungen an Wilhelm Schapp“, in Lembeck, K. H. (Hrsg.), *Geschichte und Geschichten: Studien zur Geschichtenphänomenologie Wilhelm Schapps*, Würzburg, Königshausen und Neumann 2004, S. 29.

③ Lübbe, H., „Lebensweltgeschichten. Philosophische Erinnerungen an Wilhelm Schapp“, S. 29.

俄罗斯。1917 年在驻军医院的 6 个月里，沙普掌握了阿拉伯语和土耳其语，这使他随后得以在德国军事参谋部工作。在此服役期间，他主要担任宪法政治事务的律师。战争结束后，沙普在奥里希重新开始了他的律师工作。

沙普于 1922 年在哥廷根的尤利乌斯•宾德尔（Julius Binder）那里获得法学博士学位，并在法权现象学领域内接续莱纳赫的工作。除了莱纳赫和胡塞尔的儿子格哈特•胡塞尔（Gerhart Husserl），沙普也是重要的早期法权现象学家之一："一如莱纳赫，沙普也是法学家，同时又是哥廷根学派的现象学家"[①]。他的两卷本《关于法权的新科学：一项现象学研究》[②] 分别于 1930 年和 1932 年出版。

在作为律师和公证员的具体工作中，沙普首先向当时经济困难的农业部门提供了他的法律专业知识，他是东弗里斯地区联邦的共同创始人之一。1925 年他被选为其全体理事的荣誉成员。沙普主管农户继承法领域，使他得以在 1934 年对《帝国农户继承法》进行注释，并在"第三帝国"结束后，根据管制委

---

① Theunissen, M., *Der Andere. Studien zur Sozialontologie der Gegenwart*, Berlin, de Gruyter 1977, S. 401.

② Schapp, W., *Die neue Wissenschaft vom Recht. Eine phänomenologische Untersuchung, 2 vols*, Berlin-Grunewald, Verlag für Staatswissenschaft und Geschichte 1930/32.沙普《关于法权的新科学：一项现象学研究》一书的第一卷为《作为前被给予性的合同》（*Der Vertrag als Vorgegebenheit*，此卷西班牙文译本题为*La neuva ciencia del derecho*，译者J. Pérez Bances译自德文，1931年由马德里的Revistade Occidente出版），第二卷为《价值、作品与所有权》（*Wert, Werk und Eigentum*）。

员会法第 45 号（Kontrollratsgesetz 45）以及黑森州和德国南部各州的实施规定，对《土地和农场法》也进行了注释。通过收购汉诺威州罗滕堡（Rotenburg in Hannover）附近的一个农场，沙普也短暂成为一名农场主。1937 年他撰写了《论母性的形而上学》①，探讨母性、母爱、家庭及其与基督教之间的关系问题。该书一直到 1965 年才出版。

二战之后，沙普回到奥里希继续他的公证人工作，并且也当了一名哲学教师，重新继续他的哲学研究。他通常在上午和下午各花约一个半到两个小时向一位操作打字机的工作人员口述。他会事先在一个小本子上写下提纲。1959 年出版的《故事哲学》②以及 1965 年出版的《自然科学的形而上学》③，只采用了当中一部分口述稿。值得一提的是，在此期间，沙普通常也会在每个周末抽出一个下午，与小儿子进行两个小时的徒步远足。途中两人聊天话题广泛，涉及哲学、政治、法学、学校等。与此同时，沙普经常在周末的一个晚上邀请几位高中生和大学生到家中进行谈话会，参加者包括吕贝和赫伯特•施诺尔（Herbert Schnoor）④。除此之外，

---

① Schapp, W., *Zur Metaphysik des Muttertums*, Den Haag, Nijhoff [1]1965.

② Schapp, W., *Philosophie der Geschichten*, Hrsg. v. Joisten, K. & Schapp, J., Frankfurt a.M., Klostermann [3]2015.

③ Schapp, W., *Metaphysik der Naturwissenschaft*, Frankfurt a.M., Klostermann [3]2009.

④ 赫伯特·施诺尔（Herbert Schnoor，1927—2021年），德国政治家和律师，1959年在哥廷根大学获法学博士学位，论文题目为《国家行政管理制度中德国西北地区林业经济合并》，1980—1995年期间担任北莱茵-威斯特法伦州内务部长。

沙普也以通信和拜访的形式，重新修复与国内外现象学家的联系，包括哥廷根的库尔特•施塔芬哈根（Kurt Stavenhagen）与沃尔夫冈•特里尔哈斯（Wolfgang Trillhaas）、慕尼黑的黑德维希•康拉德－马提乌斯（Hedwig Conrad-Martius）、波兰的罗曼•英加尔登（Roman Ingarden）以及法国的让•海林（Jean Hering）。此外，沙普也与其他哲学圈子建立起新联系：由赫尔姆特•普莱斯纳（Helmuth Plessner）所创的哥廷根现象学圈，以及在明斯特的约阿希姆•里德（Joachim Ritter）学派。①

沙普的著述和思想大致可以分为两个时期，即早期的感知现象学、法权现象学和价值现象学，以及晚期的故事哲学。最早的著作《感知现象学论稿》是哥廷根早期现象学的代表作，至今为止该书已出版五次。沙普在这篇1910年出版的博士论文中展现了他对日常世界中被给予物分析的高超技艺，他以现象学方法对感知行为进行细致观察，在感知领域进行了出色的专题研究，分别在视觉、听觉方面进行考察，探讨光照下的颜色、色彩，并在色彩基础上再处理事物在空间中的形状、形态的被

① 沙普的人物生平部分更多可参考：Schapp, J., „Erinnerung an Wilhelm Schapp“, in Lembeck, K. H. (Hrsg.), *Geschichte und Geschichten: Studien zur Geschichtenphänomenologie Wilhelm Schapps*, Würzburg, Königshausen und Neumann 2004, S. 13-24; Lübbe, H., „Lebensweltgeschichten. Philosophische Erinnerungen an Wilhelm Schapp“, S. 25-43; Lübbe, H., „Wilhelm Albert Johann Schapp“, in *Biographisches Lexikon für Ostfriesland*, Herausgegeben im Auftrag der Ostfriesischen Landschaft von Martin Tielke, BLO I, Aurich, 1993, S. 302-305.

给予性。后来的梅洛－庞蒂也在《知觉现象学》中处理清晰感知的部分提到了《论稿》[①]。同时，沙普也在最后一章中谈论了观念与感知的关系，认为在对事物的感知中可以区分出对感性被给予物的直观，以及对观念的意指。两者在对事物的感知中紧密相连，事物在其观念中被感知，而观念通过事物得以体现。该论文在当时影响力巨大，尤其在围绕着胡塞尔的圈子内被广泛阅读，人们试图借此去理解艰深晦涩的《逻辑研究》。如同编者托马斯·罗尔夫（Thomas Rolf）所言："1910 年左右，人们阅读沙普的论文，因为他们希望从其中了解胡塞尔世纪之书的内容。"[②] 时至今日，它对感知本身的细致分析"在 21 世纪中仍然代表着感知现象学的一个里程碑"[③]。再细致考察，我们甚至能够在这部论文中找到沙普晚期故事哲学的思想苗头，在他对"事物本身（Ding Selbst）"的解释中，他这样写道："每个物仿佛都有它的故事，这个故事仿佛在它身上留下了痕迹。我们懂得去看这些痕迹，它们有时对我们来说几乎像伤疤一样；我们在其中直接看到了物是怎么样的……每个物总是以其偶然的形式显示出它已经经历过的事情，并以此显示出它的故事、

① 梅洛–庞蒂：《知觉现象学》，杨大春、张尧均、关群德译，北京：商务印书馆，2021年，第416页。

② Schapp, W., *Beiträge zur Phänomenologie der Wahrnehmung*, VII.

③ Gottlöber, S., „Phänomenologie“, in Joisten, K. (Hrsg.) & Schapp, J. (Hrsg.) & Thiemer, N. (Hrsg.), *Die Rezeption der Geschichtenphilosophie Wilhelm Schapps: Kommentare und Fortsetzungen*, Freiburg, Karl Alber 2021. S. 58.

它的特征和经受命运的方式。”[①]

沙普晚期故事哲学中对物在空间中显现的考察与早期感知现象学中的相关考察类似，都是在对颜色、色彩的分析基础上进行，但除去了其中所有关于观念、本质的讨论，取而代之的是对观念等普遍对象的否定，并用系列取代。

在随后的二卷本《关于法权的新科学：一项现象学研究》中，沙普接续莱纳赫的《民法的先天基础》，专门探讨债权法和物权法的前被给予性（Vorgegebenheit），以现象学方式分析合同、所有权（Eigentum）和请求权（Anspruch）等法律概念，尝试借助现象学澄清法律上的基础概念，并发展出在任何实在法中作为前被给予性必然存在的四种先天结构，即理性合同、决定（Bestimmung）、侵权行为（unerlaubte Handlung）和所有权。区别于莱纳赫的一点是，沙普强调价值和评估在当中起到的重要作用："在所有的合同那里，基础在于对要付诸实施的价值的评价"[②]，并且“试图将它们置于一个更大的前法律秩序中，即价值世界（Wertekosmos）和价值感受的秩序”[③]。在沙普那里，法权的种种实事建立在价值世界之上，从而又建立在价值评估之上，以此小沙普等人也将沙普这段时期的法权现象学称

① Schapp, W., *Beiträge zur Phänomenologie der Wahrnehmung*, S. 117.

② Schapp, W., *Die neue Wissenschaft vom Recht. Eine phänomenologische Untersuchung, Bd. 1*. S. 34.

③ Gottlöber, S., „Phänomenologie“, S. 53.

作“价值现象学”[①]。故事哲学中沙普将物作为人类有目的地在活动中创造出来的“何用之物”的分析也可以追溯于此，在法权现象学中与之相关联的是沙普对人类通过他们的创造活动制造出有价值的作品，从而获得对它们的所有权的前法学概念的考察。

早期沙普无论是在感知领域还是在法学领域都与经典现象学紧密相连。《论稿》中对感知领域的考察至今仍为我们提供丰富的思想资源，而他的法权现象学研究则在继承莱纳赫的基础上继续进行，并创新地与价值理论相结合。这时期的沙普完全称得上是现象学家。有趣的地方在于，晚期沙普对经典现象学的方法进行的批判，同时也是对自己早期所做工作的批判：“沙普对现象学的批判现在可以转回到他自己的法权现象学。”[②]

面前作为“三部曲”之首的《纠缠在故事之中》是沙普晚期最著名的著作，从 1953 年至今已出版五次，被先后翻译为法语、葡萄牙语和意大利语[③]。沙普在《纠缠》中所建立起来的

---

① Schapp, J., „Eine Einführung: Wilhelm Schapps Geschichtenphilosophie“, in Joisten, K. (Hrsg.) & Schapp, J. (Hrsg.) & Thiemer, N. (Hrsg.), *Die Rezeption der Geschichtenphilosophie Wilhelm Schapps: Kommentare und Fortsetzungen*, Freiburg, Karl Alber 2021, S. 16.

② Gottlöber, S., „Phänomenologie“, S. 58.

③ 法译本：*Empêtrés dans des histoires. L'être de l'homme et de la chose*, traduit de l'allemand par, Greisch, J., Paris, Les éditions du Cerf 1992；葡译本：*Envolvido Em Histórias - Sobre o Ser do Homem e o da Coisa*, Tradução, Rurack, M. G. L, & Rurack, K. P, Porto Alegre, Sergio Antonio Fabris Editor 2007；意译本：*Reti di storie. L'essere dell'uomo e della cosa*, Traduttore, Nuccilli, D., Milano, Mimesis 2018.

故事哲学与经典现象学[①]传统的本质现象学相对，它并非作为计划性的奠定基础出现，而是始终将精力集中在对人类生活世界中种种故事的描述上。正如施皮格伯格在《现象学运动》中所言："沙普超出了他所解释的'古典现象学'，即首先是探讨逻辑和数学本质的现象学的框架。"[②]该书分为两大部分。第一部分探讨外在世界之中的物——何用之物（Wozuding）。沙普将外在世界之中的物理解为人类有意识地为了某个目的而创造出来或有待创造的物，以及为此准备的材料。德语前缀"wozu-"恰当表达了"为了某个目的"的意思。以此，沙普将物与人类行为相联系。物不再是单纯自在自为的物，而是始终被打上人类活动的烙印，当中探讨的主题包括工具、行动（例如锯、钻、锤）、触摸、材料、物质、物态、动植物、色彩、空间中的显现等等。这一系列对感知领域内的探讨相当一部分得益于沙普早年的博士论文成果。沙普通过将物的存在方式揭示为与人类活动紧密关联的"何用之物"，继而进入该书第二部分：纠缠在故事之中。该部分主要围绕"人总是纠缠在故事之中，每个故事都需要一个在其中的纠缠者"[③]的核心主题展开，包括故事、纠缠者、叙述与听、对观念等普遍对象的否定、对大全故事（Allgeschichte）的设想等等。作为故事哲学的起始点，《纠缠》

① 沙普从施塔芬哈根那里借用这个表达。

② 施皮格伯格：《现象学运动》，王炳文、张金言译，北京：商务印书馆，2011年，第325—326页。

③ Schapp, W., *In Geschichten verstrickt. Zum Sein von Mensch und Ding*, S. 1。

一书通过对外在世界以及何用之物的探讨进入故事哲学的核心："纠缠者"和"故事"，并表明作者的基本立场："故事代表着人"[①]。以此，沙普对物和人之"本质"都有了全新理解，即作为纠缠在故事之中的纠缠者。

沙普的故事哲学思想在《故事哲学》中更加成熟，内容更加丰富。他在序言中就提出要继泰勒斯、培根和康德之后，进行第四次思维方式变革[②]，实现"第三次哥白尼转向"[③]，并明确确定故事的基础地位，认为"对于我们而言，故事就是原现象（Urphänomene）、原构造物（Urgebilde）"[④]，而且是在胡塞尔的意义上，"用胡塞尔意义上的话来说，故事就是原现象"[⑤]。在《故事哲学》中，沙普时刻保持谨慎谦虚的态度，其在结尾处写道："如果大家觉得我们都在一艘船上航行，不至于是一无所有的航行遇难者，并且必须像这样团结在一起，那我们就满足了。"[⑥]

该书分为四部分。第一部分首先回溯作为出发点的故事，通过童话、传说、神话、诗歌、寓言等种种形式的故事，过渡

---

① 德语原文：„Die Geschichte steht für den Mann".

② Schapp, W., *Philosophie der Geschichten*, S. 23.

③ Schapp, W., *Philosophie der Geschichten*, S. 341.

④ Schapp, W., *Philosophie der Geschichten*, S. 26.

⑤ Schapp, W., *Wilhelm Schapp - Werke aus dem Nachlass: Auf dem Weg einer Philosophie der Geschichten: Teilband II*, Hrsg. v. Joisten, K. & Thiemer, N. & Schapp, J., Freiburg/München, Karl Alber 2017, S. 132.

⑥ Schapp, W., *Philosophie der Geschichten*, S. 346.

到个别故事背后更巨大的意义关联背景——世界。沙普借助“实定宗教”（positive Religion）[①] 这一术语，将世界划分为“实定世界”（positive Welt）和“西方的特殊世界”（Sonderwelt des Abendlandes）。笔者在此只能粗略地将它们的特征描述为：前者是包含诸神在内具宗教性、神性的世界，后者则是建立在自然科学成就基础上的物理世界，并从原来的实定世界中剔除了神性。第二部分是一个哲学史的回顾，沙普对康德、柏拉图和笛卡尔关于世界与物的观点进行批判性探讨，认为他们在某种程度上都非常接近原现象故事。值得一提的是，尽管这三位哲

① “实定宗教”这一译法借自黑格尔《宗教哲学讲演录I——黑格尔著作集第16卷》A部分“宗教哲学与实定宗教的关系”（燕宏远、张国良译，北京：人民出版社，2015年）；另参见黑格尔《黑格尔早期著作集》（贺麟等译，北京：商务印书馆，1997年，第307页）上卷：“权威信仰（ein positiver Glauben）是这样一个宗教原则的体系：它所以对我们来说具有真理性，乃是由于它是由一种权威命令给我们的，而这权威我们不能拒不屈从、不能拒不信仰。”黑格尔点明了“实定信仰”的特征在于外在的强迫性。笔者认为沙普正是在该意义上借用“实定宗教”这一术语服务于他的“实定世界”，而“实定的”则“表明有关的信仰内容通过自身启示着的上帝的权威而得到确保或建立。作为种种对象的本体论地位的标记，‘实定的’处在两个概念对立之中：一方面，实定的东西是实在的东西，与观念的、虚构的、幻想的东西形成对比”，参见Ritter, J. (Hrsg.) & Gründer, K. (Hrsg.), *Historisches Wörterbuch der Philosophie*, *Bd. 7*, Darmstadt, Wissenschaftliche Buchgesellschaft 1989, S.1113。这里的positiv沿用其设定、竖立、放置的意思，因此笔者采纳薛华在《青年黑格尔对基督教的批判》中将positiv译为“实定的”译法，另参见王兴赛：《自由与实定性的辩证——青年黑格尔实定性批判思想研究（1793—1800）》，《清华大学学报（哲学社会科学版）》（北京）2018年第5期，第165—172页。

学家均严肃探讨了神、上帝等重要主题，然而沙普在相应部分似乎忽略了这一点。可惜的是，相较于诗人、先知们神性的实定世界，就哲学世界中哲学家们关于神的学说而言，沙普在著作中并没有做出详细考察。第三部分则是更进一步地回溯到古希腊、荷马和赫西俄德等等。相较于其他文明形态，古希腊文明对于沙普而言是相对容易追溯的古代世界。在这部分，沙普多次引用荷马的《伊利亚特》《奥德赛》，以及赫西俄德的《神谱》《工作与时日》中的各个著名故事，使用了大量笔墨阐释当时的古希腊人是如何生活、纠缠在神话史诗故事当中。其认为当时的古希腊人对包括生与死等重要问题在内的所有一切认识，都与这些故事紧密相连，密不可分。一直到后来古希腊七贤的出现，世界的重心才从故事转向了事态、实情（Sachverhalt），即开始从实定世界转向了西方的特殊世界。如果说海德格尔是在警醒我们对“存在”本身的遗忘，那么在这里，沙普则是警醒我们对“故事”本身的遗忘。沙普最后还对《薄伽梵歌》做了尝试，这或多或少证明了“纠缠在故事之中”是全人类性的，不单单只适用于西方。第四部分则进入对语言、言说的分析。故事是被讲述的、被听到的、流传下来的故事，它离不开语言、言说行为。沙普在其中通过分析语言如何在故事中才能对我们有意义，名词、动词、词根与词尾变化、主格、属格、呼格等语法现象如何内在地与故事相连，给我们展现了语言本身也是纠缠在故事之中的，并不存在所谓独立的普遍句子、命题，包括自然科学语言在内，亦是如此。

人类作为故事之中的纠缠者，原初地纠缠在故事世界、实定世界之中。实定世界的显著特征在于其宗教性。它赋予生活、纠缠在其中的人类以生存上的目的论，使得他们能够远离各种虚无主义、相对主义。与之相比，沙普认为在物理学、哲学视角下以追求客观事态为基础的西方特殊世界无法为人类提供生存意义，使得当今人类的精神生活面临种种危机。在荷马的史诗中，人与诸神的本质区别在于前者是“有朽”的，后者是不朽的，而人的生活正是从人死亡的必然性中获得其严肃性，逝世后亡者的灵魂在哈迪斯下过着默默无闻的生活，只有预想到这种永恒的默默无闻式的存在，才会让人们觉得人的一生是值得活的。阿喀琉斯在冥府里对奥德修斯说的话展现了这个世界中生与死的关系[①]，也展现了当时生活在希腊世界中的人们对生与死的看法。恰恰是在这里，“威廉•沙普从中看到了与一切虚无主义和悲观主义的绝对对立。一生（Lebenszeit）本身就具有它完全的充分性”[②]，即使是逃离故事的虚无主义本身也是一个故事、一个历史。这在汉语中当然也有相应的谚语：“好死不如赖活着。”种种实定世界以其各自的基本的神性故事的方式使纠缠在其中的纠缠者远离各种虚无主义、相对主义的袭击，解答关于生与死、人类生存意义等种种终极问题。他认为

---

① “我宁愿为他人耕种田地，被雇受役使，纵然他无祖传地产，家产微薄难度日，也不想统治即使所有故去者的亡灵。”参见荷马：《荷马史诗·奥德赛》，王焕生译，北京：人民文学出版社，1997年，第213页。

② Schapp, J., „Eine Einführung: Wilhelm Schapps Geschichtenphilosophie“, S. 26.

由泰勒斯等人开启的西方特殊世界不再以传统的神性故事为基础，而是追求所谓客观的事态、实情，如“水是万物的本源”。西方特殊世界发展至今，演变成自然科学的物理学世界。沙普认为在这样扭曲了的世界中，人不再处于中心位置，并且受到怀疑论、虚无主义的侵袭：“如果故事遗失了，那么一切都喧闹起来。最极端的对立面是，例如人知道自己在救恩史中被抛弃了，或者另一方面，他像任意一个星球上的一种霉菌组成。”① 沙普所谓的第四次思维方式变革，就是要唤醒人类重新过上实定世界的生活，具有神性的生活。

《自然科学的形而上学》是一部特别的著作。从学理上来讲，面对20世纪蓬勃发展，乃至威胁人类精神生活的自然科学，沙普认为自己要把西方的特殊世界回溯到故事世界中，以此自然科学的一切话语、成就都只能在故事之中才能得到理解。然而令人担忧的是，沙普在多大程度上能够恰当处理当时的自然科学知识，例如相对论，毕竟他没有经受过严格的自然科学专业训练，这也是后来的研究者们并不注重沙普关于自然科学考察的原因之一。对此，小沙普曾回忆说：“有一天，父亲告诉我，他打算写一本有关爱因斯坦的书。当时他已经读了林肯•巴尼特的《爱因斯坦和宇宙》，以及爱因斯坦和利奥波德•英菲尔德的《物理学的进化》。后来他又通过巴文克（Bavink）的著作，丰富了自己的自然科学知识。但是，关于爱因斯坦的

---

① Schapp, W., *Philosophie der Geschichten*, S. 204.

相对论，他还需要更详尽的信息，因此要我去找哥廷根大学的物理学家请教相对论。我于是去了哥廷根的物理研究所，遇到一位乐意承担这个任务的助理。所以我回到家里就能相当准确地报告。”[①]《自然科学的形而上学》就是在这样的背景下开始写作的。因此，在后来的研究者那里，始终较少地涉及他的自然科学讨论部分，但该书仍然有其他值得留意的部分。全书分为三部分。第一部分讨论原子、正当下（gerade Jetzt）的时间、感知、钟（物理学意义上的时间）等等；第二部分继续讨论颜色与世界之间的关系；第三部分主题为世界、对象与立义（Auffassung）。该书延续《纠缠在故事之中》与《故事哲学》，继续讨论何用之物、故事、世界、数、集合、时空、数学以及柏拉图、康德和胡塞尔等等。沙普在这里直面自然科学的特殊世界，并认为自己出发的基础是以现象学方法获得的：“就此而言，为了交流理解，需要对现象学的方法以及我的著作《纠缠在故事之中》和《故事哲学》有一定程度上的熟悉。”[②]以上是对故事哲学“三部曲”的简要介绍。

但沙普关于故事哲学的思考要早得多。除了早期博士论文

① Schapp, J., „Erinnerung an Wilhelm Schapp“, S. 15.另外参考：Barnett, L., *Einstein und das Universum*, Frankfurt a.M., Fischer 1962.以及Einstein, A. & Infeld, L., *Die Evolution der Physik*, Hamburg, Rowohlt 1959. 中译本：爱因斯坦、英费尔德：《物理学的进化》，张卜天译，北京：商务印书馆，2019年。

② Schapp, W., *Zur Metaphysik des Muttertums*, S. 7.

《感知现象学论稿》中暗含的思想开端[1]，1965 年出版的《论母性的形而上学》早在 1937 年就已写作完成，尽管当时他未曾自觉地使用实定世界、故事世界等表达。农妇黑尔默斯女士（Helmers）对她孩子毫无保留的爱护为沙普的写作提供了范例[2]。该书被绝大多数研究者忽略，并没有被归入“三部曲”中。然而笔者认为，作为路德宗信徒的沙普在其中已经通过早期现象学考察向我们展现了基督徒的实定世界是对其中一种实定世界的内容丰富的范例性呈现，完全可以作为故事哲学的重要补充部分，并以此形成新的故事哲学“四部曲”。该书分为三部分。第一部分的主题为家与亲属，论述母子关系是最强烈的，同时也是精神关系上最强烈的亲属纽带，甚至父性也是源于母性而产生，毕竟每个人从一出生就具有母子关系，这在生物学上甚至可以追溯到母亲的怀孕。母亲的角色在家庭，乃至人类共同体中具有不可替代的地位。第二部分讨论母爱，母爱被刻画为母子关系的首要特征。第三部分讨论上帝之爱与母爱之间的关联，试图论证母爱与上帝之爱是同源的，认为上帝对人的爱就是母爱，上帝在母亲身上得到显现。以此，沙普在基督徒的实定世界中也实现了他的伦理学和目的论，通过母性、母爱将上帝与人类、天上世界与地上世界直接关联。当然，所有这

---

① Schapp, W., *Beiträge zur Phänomenologie der Wahrnehmung*, S. 117.

② Schapp, W., *Wilhelm Schapp - Werke aus dem Nachlass: Geschichten und Geschichte. Teilband IV*, Hrsg. v. Joisten, K. & Schapp, J., Freiburg/München, Karl Alber 2019, S. 86.

一切都是在故事之中才能得到理解，例如在《圣经》中记载的种种故事。笔者认为，该书详细展现了众多实定世界种类当中的基督教实定世界，完全可以并入故事哲学的新“四部曲”当中。

沙普在1959年还发表了对胡塞尔的纪念文章《回忆埃德蒙德·胡塞尔：现象学史之一页》。在这篇文章中，他从胡塞尔的角度出发，描述现象学的方法，回忆他与当时哥廷根和慕尼黑圈子的交往，但最有价值的还是他对现象学方法的切身的把握：“在一个系统关联之中展现它的做法将与这一方法的精神相矛盾，虽然这样做的诱惑巨大，而且人们也时不时地或多或少屈从于这一诱惑……如果以这种方式开始展示现象学的方法，那么听众很快就会有初步的理解，但会完全错失现象学的方法，至少我是这么认为的。现象学的第一禁令是，不要僵化，僵化离建构只有一步之遥。对现象学家最严厉的谴责是：‘这是建构出来的！’通过思考而在视域中浮现出来的东西，不能被仓促地固化为轮廓清晰的东西，或纳入固定的框架之中。在现象学的开端，个别研究代表着一切，体系则什么都不是。而个别研究的目标是追求知识、追求真理、追求清晰明白、追求明见性。一开始这些可能只是理想，在研究的过程中则必须越来越牢固，获得越来越多的支撑。”① 就现象学运动而言，沙普也是一位宝贵的时代见证者，他描绘了当时哥廷根和慕尼黑圈子成员的交往，包括普凡德尔、康拉德、希尔德勃兰特和盖格

① 沙普：《回忆胡塞尔》，高松译，第65—66页。

尔等人："在我们看来，他们各方面都远远领先于我们。他们不像我们那样虔诚。"[①]他们的独立思考是当时胡塞尔周围的学生所缺乏的。该文章对于理解沙普对现象学的态度、沙普与胡塞尔的关系，以及早期现象学运动具有重要作用。

除此之外，从2016年开始，陆续出版了四卷本遗稿选集《威廉•沙普遗稿选集》。沙普平日会以口述，再用打字机打印成页的方式进行哲思。据编者卡伦•约伊斯滕（Karen Joisten）记载[②]，沙普的遗稿约有2万页，目前大部分藏于慕尼黑巴伐利亚国立图书馆的文献馆中，其他部分则属私人所有。遗稿所涉及的时间从1920年至1965年，当中内容丰富，主题多样，经筛选成型的四卷本遗稿选集扩充了人们对沙普哲学思想的认识，当中有许多内容是以前对沙普的研究中未被注意到的。第一卷遗稿涉及的时间从1953年8月至1954年10月，第二卷为1954年10月至1955年8月，第三卷为1955年8月至1956年1月。以上三卷的主要内容都在《纠缠在故事之中》和《故事哲学》中得到体现，毕竟这两本著作就是在沙普这时期的口述稿基础上整理成书。但其中不乏没有被收录进去，却颇具研究价值的重要内容，例如第一卷中提到的现象学的历史、对现象学的态度、故事哲学与存在主义哲学的关系，以及故事与事态（实情）的关系等等。第四卷遗稿涉及的时间从1959年4月至1959年12

① 沙普：《回忆胡塞尔》，高松译，第71页。

② Schapp, W., *Wilhelm Schapp - Werke aus dem Nachlass: Geschichten und Geschichte. Teilband IV*, S. 7-12.

月，在《故事哲学》出版之后。因此，笔者认为该书可以在时间和内容上接续“四部曲”。当中的主题包括故事与历史的关系，对世界史、文化、基督教等等话题的再讨论，是沙普在出版多部著作后站在一个相对整体的角度重新审视自己的出发点故事。

理解沙普故事哲学的关键点在于如何把握他的论述主题，即“故事”。对这一核心主题的理解困难首先来源于他所使用的德语同音异义词“Geschichte”，即故事与历史。自 18 世纪以来，单数“Geschichte（历史）”成为哲学中心主题之一，而随后沙普重新恢复对复数“Geschichten（故事）”的哲学思考。就此而言，今天我们很难在不考虑历史哲学传统和历史性主题的存在论影响下理解沙普。通常而言，在现代德语中 Geschichte 表“历史”一义时是不可数的，而表“故事”一义时则是可数的[①]，因此作为复数形式的 Geschichten 在日常用语中应取“诸故事”一义。在此需要表明的是，沙普在其他地方也使用过“历史的（historisch）”这一表达[②]。然而沙普本人甚至在一开始就承认自己无法确切搞清楚它到底是什么，拒绝给它下定义：“一个人是什么、一个动物是什么、一个故事是什么，虽然我们已经准备好了许多回答，但没有一个回答命中靶心。例如我们尝试通过定义和描述的方式去接近构造物，而在这个过程中或许

① 赵登荣、周祖生主编：《杜登德汉大词典》，北京：北京大学出版社，2013年，第908页；叶本度主编：《朗氏德汉双解大词典》，北京：外语教学与研究出版社，2016年，第743页。

② Schapp, W., *In Geschichten verstrickt. Zum Sein von Mensch und Ding*, S. 196及Schapp, W., *Philosophie der Geschichten*, S. 161, 179, 207, 250, 325等。

感受到我们以此只是在远离它”[1]；“我们纠缠在故事中以及我们理解故事，尽管我们无法继续解释所有基础的这个基础”[2]；“在向存在的道路上我才走了一半，还有更困难的一半路途等着我，即从故事过渡到故事的最终可指示的意义”[3]。尽管如此，沙普还是从不同侧面提供了丰富的描述，同时我们也可以从其他学者的研究文献那里获得帮助，从不同方面接近它。

沙普首先认为，我们每个人都总是纠缠在故事之中，相应地，每个故事都需要一个在其中的纠缠者，并且自古以来，“人类最伟大的杰作已经将故事以及在故事之中的纠缠存在（Verstricktsein）作为对象”[4]，例如荷马、赫西俄德、《圣经》、但丁、莎士比亚、歌德等等。以此“故事”的主题域除了日常生活故事，还包括神话、传说、寓言、童话、宗教、诗歌、戏剧等等；而就纠缠在故事中的人的状态而言，又大致可以划分为清醒故事、梦故事、醉意故事、催眠故事、疯癫故事、巫术故事等。故事与我们的日常生活息息相关，我们从出生起，甚至在未出生前就已经处在某个活生生的故事关联中。对此，沙普在《纠缠在故事之中》的开篇即进行宣言式描述：

> 我们、我们的邻居、朋友以及熟人们，每个人都

---

① Schapp, W., *In Geschichten verstrickt. Zum Sein von Mensch und Ding*, S. 85.

② Schapp, W., *Philosophie der Geschichten*, S. 262.

③ Schapp, W., *Wilhelm Schapp - Werke aus dem Nachlass: Auf dem Weg einer Philosophie der Geschichten: Teilband I*, Hsrg. v. Joisten, K. & Thiemer, N. & Schapp, J., Freiburg/München, Karl Alber 2016, S. 64.

④ Schapp, W., *In Geschichten verstrickt. Zum Sein von Mensch und Ding*, S. 1.

> 始终纠缠在故事之中。我们每天晚上伴随着牵动我们的故事入睡，它们伴随着我们，紧跟着我们去到梦中，在醒来的时候又处在我们身边。在所有这些流传下来的或者被我们亲身体验到的故事中，都有纠缠者或者诸纠缠者，他们仿佛作为中心，将故事集合在一起。在这一点上，所有故事都彼此一致，尽管它们之间通常没有什么共同点。①

就与我们的日常生活息息相关这一点而言，沙普所要说的显然是更加贴近我们日常体验的故事，而不是历史。这样的故事既包括具有决定性意义的故事，例如在基督徒那里关于耶稣复活的故事；也包括无关紧要的故事，例如昨天早上吃早餐时与妻子吵架。笔者认为，我们可以将载入史书中的历史事件追溯为具重要影响力的生活故事，而衡量某个故事的重要性程度以它对于某人而言牵连了多少其他故事，用沙普的话来说，就是纠缠者在多大程度上纠缠在其中。所以那些能够被载入史册中的历史事件，就是在相当大程度上牵连着众多纠缠者的故事，例如某次激动人心的战役；而载入人物传记中的历史事件，则是那些传记主人公一生都纠缠在其中的故事，例如他的出生。

本书第二部分第六章标题“故事代表着人（Die Geschichte steht für den Mann）”纲领性地表达了故事的基本被给予性。我们甚至可以说有人的地方就有故事，在某种程度上可以将人理

---

① Schapp, W., *In Geschichten verstrickt. Zum Sein von Mensch und Ding*, S. 1.

解为一个动态的故事意义关联的总和，对人之存在的理解同时也是对这个动态关系织物的理解，是一种在故事之中的纠缠存在（In-Geschichten-Verstricktsein）。相应地，沙普认为，过去的哲学家恰恰没有对故事的回溯给予足够重视：

> 所以，我们也许可以浏览哲学术语的整部辞典，却不愿意接受即使一个惯常意义上的表达，然而我们几乎在任何地方都找不到顺带记载着对我们而言重要的表达，例如故事（Geschichte）和何用之物。[①]

这一点恰恰说明了沙普注视的是故事而非历史，因为就早已经历了黑格尔洗礼的当时而言，大部分哲学术语辞典都包含“历史”词条。相比起故事，哲学家们并没有遗忘掉历史主题。因此就哲学家的研究主题而言，“奇特的是，到目前为止哲学中还没有任何地方提出这样一种主张，但只是因为人们仍未致力于研究故事”[②]。与此同时，“如果我们以这种方式来谈论故事的存在，那我们将只是勾勒出，在这里相当理智地去使用哲学的原词语是多么困难”[③]。沙普在其叙述中放弃了哲学上的抽象术语，而是采用广为人知的生动故事作为例子，例如他在其著作中多处引用《小红帽》《一千零一夜》等许多脍炙人口的故事，这也使得《纠缠》法译本译者让·格赖斯（Jean Greisch）发出这样的感叹：“实际上，对这本书的肤浅阅读会给人以这样的印象：

---

① Schapp, W., *In Geschichten verstrickt. Zum Sein von Mensch und Ding*, S. 7.

② Schapp, W., *Philosophie der Geschichten*, S. 342.

③ Schapp, W., *Philosophie der Geschichten*, S. 39.

这是一本故事书（Geschichtenbuch），相比起胡塞尔的《逻辑研究》，它与《一千零一夜》有更多共同之处。”[①]决定性的证据或许是1955年70岁高龄的沙普在日记中写下的这么一段话："在第一年级或第二年级时，我拼写和朗读，并且有时能理解个别单词的意义，但并不知道拼写和朗读的目的是什么。这大概持续了一两年，一直到我第一次开始首先机械地拼写《乌鸦喝水》的故事（Geschichte vom klugen Star）[②]。当我完成拼写时，我突然意识到所有这些是一个故事，或者更好地说，一个具有高潮的故事从我正在做的东西中出现，拼写打开了向故事的通达，向具有高潮的故事的通达。”[③]相较于那些宏大叙述背景下具有重要影响力的真实历史事件，具有虚构成分的《乌鸦喝水》的故事更侧重于日常生活（语文学习）中叙述交流的一面，它从年幼起就作为种子埋下，默默开启了沙普的精神发展。

沙普的律师身份或许能帮助我们更好地理解这一点。在沙普漫长的律师职业生涯中，基本被给予的案件就是一个个鲜活的故事。当一位律师拿起手中的案卷时，控告人、被告人、证人、律师、法官等首先通过交织在同一个案件、故事中而呈现，乃至于追溯到法律背后的立法者。换句话说，人首先通过纠缠

---

① Greisch, J., „Phänomenologie als Philosophie der Geschichten: eine vierte, stille Revolution der philosophischen Denkungsart?“, in Joisten, K. (Hrsg.), *Das Denken Wilhelm Schapps: Perspektiven für unsere Zeit*, Freiburg, Karl Alber 2010, S. 212.

② 《伊索寓言》中《乌鸦喝水》的故事。

③ Schapp, W., *Wilhelm Schapp - Werke aus dem Nachlass: Auf dem Weg einer Philosophie der Geschichten: Teilband II*, S. 133.

在案件、故事当中出现，作为在案件之中的纠缠者出现。其次，法庭上处处充斥着证人的证词及模糊不清的谣言、谎言、虚构，这一切都内在地从属于案件、故事。在故事哲学中，作为经典现象学基础的命题的真与假，外在地进行观察的现实性与非现实性是次要的。

另一方面，沙普也并没有完全忽略掉历史："我们并不是要声称世界史，如果有这样的东西，或者任何一个民族或某个时代的历史仅仅由故事组成，或者仅仅是故事的相互连接，但无论如何，个别故事都与世界史处于最紧密的关联中。"[1]在他看来，对历史的理解和认识都要从各个个别故事出发。然而，沙普关于历史方面的叙述基本上在他的晚年日记中，生前没有正式公开发表，而且他承认自己并没有在历史（Geschichte）上完全厘清从故事到历史的过渡："我们仍然缺乏我们意义上的故事和历史学家意义上的历史之间的过渡或联系，比如说世界史、民族史、氏族史或其他什么历史"，只是在故事的基础意义上强调"历史学家意义上的历史已经是在每一个个别故事的视野中所固有的"[2]。在其 1959 年的日记中的这段话提醒了我们要以谨慎的态度面对在其生前出版的"三部曲"中出现的描述。沙普在其中或多或少地谈论到"历史"，更确切地说是在沙普的故事解释学意义上发展起来的历史，而不是历史学家们

① Schapp, W., *In Geschichten verstrickt. Zum Sein von Mensch und Ding*, S. 1.

② Schapp, W., *Wilhelm Schapp - Werke aus dem Nachlass: Geschichten und Geschichte. Teilband IV*, S. 19.

所说的通常意义上的历史。而在方法论上，他也在动态的、历史的线索上探讨故事。沙普对荷马、赫西俄德以及基督教的世界、故事进行发生上的分析，同时也在哲学史的线索上分别对泰勒斯、赫拉克利特、柏拉图、笛卡尔、培根、康德和胡塞尔等哲学家进行批判性研究。在这一点上，沙普是有意识地在历史进程中对故事进行回溯。

考察故事与历史之间区别的另一个关键点，是沙普在日记中讨论相关问题部分专门提及汤因比。汤因比的历史哲学特点首先在于他以具体的文明作为历史研究的基本单位。沙普认为汤因比找到了与他重点考察的实定世界非常相似的历史哲学研究单位，并且后者的研究方法恰恰是沙普意义上的“纠缠”方法：“在汤因比的著作中，他的个人故事的视域……扩展成一部伟大的艺术作品……汤因比不仅纠缠在他的本己故事中，而且通过这些故事纠缠在他所谓的世界历史中。”[①] 汤因比也因此成为他所认为的典型历史学家，以自身纠缠的方式进行工作的历史学家。

“Geschichten 故事 – 历史”这一同音异义词特征也保留在不同母语者的研究中，这首先体现在翻译上：《纠缠在故事之中》的法译本为 *Empêtrés dans des histoires*[②]，“histoire”一词具有“故

---

① Schapp, W., *Wilhelm Schapp - Werke aus dem Nachlass: Geschichten und Geschichte. Teilband IV*, S. 21.

② *Empêtrés dans des histoires. L'être de l'homme et de la chose*, traduit de l'allemand par, Greisch, J., Paris, Les éditions du Cerf 1992.

事”和“历史”的内涵；意译本为*Reti di storie*[①]，其单数形式“storia”也具有“故事”和“历史”的意思；葡译本为*Envolvido Em Histórias*[②]，虽然葡语“história”同样身兼两义，但“estória”更专指“故事”。在英语相关研究文献中，则存在着两种不同译法：例如丹•扎哈维（Dan Zahavi）、《纠缠在故事之中》的法译者格赖斯和意译者丹尼尔•努西利（Daniele Nuccilli）等人将“Geschichten”译作“stories”[③]；施皮格伯格在《现象学运动》中两处提及“Verstrickt in Geschichten”的地方分别译为“entanglement in history”和“entangled in stories”[④]，而与之相应的中译为“卷入到历史事件”及“被卷入到情况中”[⑤]。当中最不能忽略的是

---

① *Reti di storie. L'essere dell'uomo e della cosa*, Traduttore, Nuccilli, D., Milano, Mimesis 2018.

② *Envolvido Em Histórias - Sobre o Ser do Homem e o da Coisa*, Tradução, Rurack, M. G. L, & Rurack, K. P, Porto Alegre, Sergio Antonio Fabris Editor 2007.

③ Zahavi, D., “Self and other: The limits of narrative understanding”, in *Narrative and Understanding Persons*, Hutto D. D. (eds), Royal Institute of Philosophy Supplement 60. Cambridge, Cambridge University Press 2007, P. 179-201. Gasché, R., *Storytelling: The Destruction of the Inalienable in the Age of the Holocaust*, New York, State University of New York Press 2019, P. 41-56. Nuccilli, D., “History and Stories: Schapp's Ontological Conception of the Entanglement”, in *Kritika and Kontext*, Bratislava, Kritika & Kontext 2018, P. 27-41.

④ Spiegelberg, H., *Phenomenological Movement*, Dordrecht, Springer 2013, P. 234, 612.

⑤ 施皮格伯格：《现象学运动》，王炳文、张金言译，北京：商务印书馆，2011年，第336和第834页。

小沙普也将“Geschichten”译作“stories”[①]。作为沙普身边最亲近的亲人，小沙普无疑是最接近、了解故事哲学的学者，他所提供的英译对于我们将“Geschichten”理解为“故事”而非“历史”具有重要参考价值。

考察该术语的发展历史，根据赖因哈特·柯塞勒克（Reinhart Koselleck）的考察，单数的Geschichte一直到18世纪末才“晋升”为一个政治和社会的主导概念，成为一个集体单数（Kollektivsingular）的新历史概念，将地球上的整个政治－社会关系网在其所有时间上的延伸看作历史：“它将许多故事联合成一个历史。在‘历史’这个概念中，事件关联、叙述关联和科学的加工处理同时发生。伴随着对当下的目光，以及在未来的投影，过去的事件被理解为一个历史，它将人类联合成一个属，并且它本身就是这个历史的主题科学。”[②]在此之前，“die Geschichte”一直作为复数形式深入到18世纪，故事－叙述（Geschichten-Erzählen）属于人的交际，没有故事就没有回忆共同性、社会团体或者政治行动单元的自决。这样的故事绝不是一个基本概念，而是始终关于在一个故事中所涉及的东西的叙述，例如一场战役、一场诉讼、一次旅行、一次神迹或者一场恋爱。[③]

---

① Schapp, J., „Verstrickung und Erzählung“, in *Phänomenologische Forschungen (2007)*, Hamburg, Felix Meiner 2007, S. 125.

② Oelmüller, W. (Hrsg.) & Oelmüller. R. D. (Hrsg.) & Piepmeier. R. (Hrsg.), *Philosophische Arbeitsbücher 4. Diskurs*: *Geschichte*, Paderborn u.a., Schöningh 1980, S. 10.

③ Hrsg. v. Brunner, O. & Conze, W. & Koselleck, R., *Geschichtliche Grundbegriffe, Bd. 2, E–G*, Stuttgart, Ernst Klett Verlag 1975, S. 593.

"Geschichte"从复数到单数的变动是一个有意识的成就，即将各个故事的总和标明为"所有在故事中发生的总体（Inbegriff）"，并伴随着两个不同方面的长期的汇合："一是集体单数的形成，将个别故事的总和捆绑成一个共同概念；另一方面，它是作为事件的'Geschichte'和作为历史学、历史叙事和历史科学的'Historie'的语词的感染错合。"[①] 大量古老的含义相互碰撞进入"历史"这个表达中："作为事件（Ereignis）及其叙述的历史、作为命运以及作为关于其知识的历史、作为天命及其预兆的历史，历史学（Historie）的所有知识都是作为对于一个虔诚和公正的生活、对于一个明智或者非常智慧的生活而言的典范集。现代的历史观念将许多古老的意义领域集中在一起"，并且"'历史'成了一个对于所有已经形成的经验以及有待形成的经验的范导性概念。这个词从那以后就远远超出了单纯的叙述和历史科学的领域"[②]，并与过程、进步、发展、必然性等概念相结合。尤其是在法国大革命之后，"历史"变成了一个全面的运动概念。因此，我们或许可以说："如果海德格尔谴责对存在的遗忘，胡塞尔谴责对生活世界的遗忘，维特根斯坦谴责对具体语言游戏的跳过，那么沙普的主要指控是

---

① Hrsg. v. Brunner, O. & Conze, W. & Koselleck, R., *Geschichtliche Grundbegriffe, Bd. 2, E–G*, S. 647.

② Hrsg. v. Brunner, O. & Conze, W. & Koselleck, R., *Geschichtliche Grundbegriffe, Bd. 2, E–G, S.* 594.

对故事的遗忘。”[①] 毕竟相对于故事而言，哲学家们始终没有忘记历史主题。

沙普与现象学的关系是多层次、复杂的。笔者认为可以大致划分为两个时期，即以《感知现象学论稿》、法权现象学和价值现象学思想为代表的早期，以及以故事哲学“四部曲”为代表的晚期。早期沙普在胡塞尔经典现象学框架下对感知、法律领域进行开拓，发展出自己的感知现象学、法权现象学和价值现象学，这个时期的沙普与经典现象学紧密相连；晚期沙普虽然从经典现象学内部对自身方法提出质疑，但仍然是在现象学背景下以具体的人本身为新朝向，发展出新的故事哲学。

他的博士论文《感知现象学论稿》清楚表明“沙普属于哥廷根时期的那些胡塞尔的学生之一，他们首先延续了经典的意识现象学和本质现象学”[②]。他在详细处理感知问题时，认真对待现象学的基本原则：“人们必须无前提地进行研究，不要让自己自由的目光从一开始就由于直接的‘种种自明性’变得狭窄，它们的有效性从来没被研究过”[③]；并且始终牢记对象被给予性方式的原初性，不过分理论化：“最初的前提是无条件地

① Wälde, M., *Husserl und Schapp: Von der Phänomenologie des inneren Zeitbewusstseins zur Philosophie der Geschichten*, Basel, Schwabe 1985, S. 108.

② Lübbe, H., *Bewusstsein in Geschichten: Studien zur Phänomenologie der Subjektivität: Mach, Husserl, Schapp, Wittgenstein*, Freiburg, Rombach Hochschul 1972, S. 103.

③ Schapp, W., *Beiträge zur Phänomenologie der Wahrnehmung*, S. 2.

奉献，深入到实事本身；不是反思实事，而是充分接受、享受‘实事’”[④]。这段时期的沙普满怀热情地坚信现象学能够处理实事本身的直接关系，谈论自身被给予性，甚至在哲学史上追溯现象学，认为“柏拉图几乎在每个著作里又回到他的基础那里，并且简略地给出了种种透彻的现象学研究”[⑤]。沙普在柏拉图意义上继续谈论着观念。与胡塞尔一样，他也认为观念、概念在感知当中起到重要作用：我们在感知中意指着观念；事物在其观念中被感知，而观念则通过事物得以体现。

晚期沙普对现象学及其方法的态度是暧昧的，既清楚又模糊。他曾在日记中高度评价在哲学工作中接受现象学训练的重要性：“我相信在和哲学家的谈话中已经观察到，接受现象学训练的人在讨论中对他人而言是占优的。”[⑥]不仅如此，他在自己的著作中也提及自己的读者多少需要了解现象学方法：“就此而言，为了交流理解，需要对现象学的方法以及我的著作《纠缠在故事之中》和《故事哲学》有一定程度上的熟悉”[⑦]，并明确自己的晚期工作依然扎根在现象学中：“即使在今天，在我将胡塞尔及其学生的所有实证的东西、所有实证的成果都抛弃时，我始终还是认为，我的现象学研究是通向我如今在哲学中

---

④ Schapp, W., *Beiträge zur Phänomenologie der Wahrnehmung*, S. 13.

⑤ Schapp, W., *Philosophie der Geschichten*, S. 8.

⑥ Schapp, W., *Wilhelm Schapp - Werke aus dem Nachlass: Auf dem Weg einer Philosophie der Geschichten: Teilband I*, S. 57.

⑦ Schapp, W., *Metaphysik der Naturwissenschaft*, S. 7.

的栖息处不可或缺的桥梁”[1]。

但另一方面，当沙普晚年回忆胡塞尔的时候，他却承认自己并不完全了解现象学方法：“我还几乎忘了最重要的一点：现象学还原。但我从未完全理解它，因此只能满足于在此提一提”[2]；“很难说现象学方法究竟是什么”[3]。对他而言，严重的问题在于现象学方法的模糊性。对现象学方法论的质疑也体现在他否认胡塞尔的本质直观：“我们没有看到如胡塞尔所看到的观念对象”[4]，以及对胡塞尔从事态、实情出发的否认：“我们的出发点是与胡塞尔截然相反”[5]。更加尖锐的是对自己早期跟随胡塞尔的步伐，在感知现象学领域的研究成果的质疑：“我们不知道感知是什么，在任何情况下我们都无法对感知作出一个准确的陈述”[6]；“我们认为，并没有像感知这样的东西，这样的东西无法被证明”[7]，甚至在1956年对英加尔登说：“您

---

① Schapp, W., *Wilhelm Schapp - Werke aus dem Nachlass: Auf dem Weg einer Philosophie der Geschichten: Teilband I*, S. 57.

② 沙普：《回忆胡塞尔》，高松译，第68页。

③ Schapp, W., *Wilhelm Schapp - Werke aus dem Nachlass: Auf dem Weg einer Philosophie der Geschichten: Teilband I*, S. 58.

④ Schapp, W., *Metaphysik der Naturwissenschaft*, S. 119.

⑤ Schapp, W., *In Geschichten verstrickt. Zum Sein von Mensch und Ding*, S. 172.

⑥ Schapp, W., *Wilhelm Schapp - Werke aus dem Nachlass: Auf dem Weg einer Philosophie der Geschichten: Teilband II*, S. 27.

⑦ Schapp, W., *Wilhelm Schapp - Werke aus dem Nachlass: Auf dem Weg einer Philosophie der Geschichten: Teilband II*, S. 135.

相信感觉材料？这只是纯粹的建构”[①]。沙普明确反对胡塞尔："如果我们从感知开始，我们就不得不指责胡塞尔根本没有看到感知”[②]，并认为感知理论无助于故事哲学："从胡塞尔的感知理论出发，我们办不了什么……我们所关注的故事几乎总是已经结束或大部分已经结束；因此，它们永远不可能通过感知而成为明见的”[③]。晚期沙普认为，在胡塞尔静态现象学那里占据重要地位的感知分析已经无法帮助他把握故事，因为纠缠和故事并不是作为独立的考察对象通过感知、反思等认识行为得到把握。

晚期沙普一方面既肯定现象学，明确自己包括晚期故事哲学在内的一切哲思都是建立在所受到的现象学训练上；另一方面，他又对经典现象学中的现象学方法表现出模糊、不确定、质疑的态度，甚至进一步质疑自己早期从事的现象学工作。沙普对现象学看似割裂的不同态度，促使我们注意故事哲学思想的产生所对应包含的割裂态度，即沙普一方面在故事哲学中明确与胡塞尔、经典现象学分道扬镳，没有将自己的哲学思想称作故事现象学；另一方面，他仍然是在现象学框架内进行工作，发展出自己的故事哲学。

---

① 英加尔登：《回忆埃德蒙德·胡塞尔》，倪梁康译，倪梁康编，《回忆埃德蒙德·胡塞尔》，北京：商务印书馆，2018年，第180页。

② Schapp, W., *Wilhelm Schapp - Werke aus dem Nachlass: Auf dem Weg einer Philosophie der Geschichten: Teilband II*, S. 135.

③ Schapp, W., *Wilhelm Schapp - Werke aus dem Nachlass: Auf dem Weg einer Philosophie der Geschichten: Teilband II*, S. 126.

晚期沙普与早期胡塞尔分道扬镳，但却与晚期胡塞尔不约而同地走在同一条道路上。2008年，胡塞尔遗稿集《生活世界：对在先被给予的世界及其建构的释义》[4]出版，该书整合了胡塞尔从1916至1937年的700多页遗稿，而小沙普在这些文本上发现："这些文本表明，胡塞尔在这里基本上是如何像威廉·沙普那样与一个相似问题角力的，尽管他并没有在威廉·沙普的意义上解决它。因此，老师和学生都处在同一条道路上……相互都不知道对方，或者甚至在生前，双方没有获悉对方。这也属于两者共同纠缠在其中的故事。"[5]可惜的是沙普没有在《欧洲科学的危机与超越论的现象学》当中发现和关注到老师胡塞尔的现象学转向和后续发展，甚至还带有误解："胡塞尔从物和对它的感知出发，来到了世界、周围世界、自然科学世界。顺带一提，他的第一个疏漏，与笛卡尔和康德相类似，就是他没有充分准确说明物……我们不得不反复问胡塞尔，他将世界、物和感知理解成什么，或寻找什么。在我看来，胡塞尔在他生命最后三四十年里，在这些问题上都没有取得什么进展。我们既不理解胡塞尔在这里的意思，也不理解他在这方面对自己的方法所说的。"[6]

---

④ Husserl, E., *Die Lebenswelt: Auslegungen der vorgegebenen Welt und ihrer Konstitution. Texte aus dem Nachlass (1916-1937) (Husserliana: Edmund Husserl - Gesammelte Werke)*, Hrsg. v. Sowa, R., Dordrecht, Springer 2008.

⑤ Schapp, J., „Eine Einführung: Wilhelm Schapps Geschichtenphilosophie", S. 36.

⑥ Schapp, W., *Wilhelm Schapp - Werke aus dem Nachlass: Auf dem Weg einer Philosophie der Geschichten: Teilband II*, S. 132.

最后，沙普的故事哲学在结构上与海德格尔对此在的分析类似。由于作者非学院式的写作风格尽可能放弃了引文（这丝毫没有影响他忠实于现象学的描述风格），因此很难说清楚沙普在多大程度上受到海德格尔的影响。面前的《纠缠》出版于1953年，而在身后出版的遗稿集中，我们能找到的关于海德格尔的最早记载是在1955年5月其对《存在与时间》导论做的分析的尝试①。

作为胡塞尔哥廷根时期的第二位博士生，毕业后以业余方式参与哲学活动②，沙普的这一特殊身份从一开始就吸引着人，我们当然希望从沙普这里继续了解更多关于早期哥廷根学派的情况。而就沙普本人的思想而言，我们还留有许多工作。如沙普与胡塞尔、莱纳赫、海德格尔、伽达默尔等人的关系，这涉及沙普在现象学运动中的位置；沙普与柏拉图、培根、康德等人的关系，这涉及他的第四次思维变革的合法性及其在西方哲学史中的位置。受篇幅所限，笔者不在这里赘述。

本书初稿完成于笔者攻读博士学位期间，特别感谢导师倪梁康教授和张伟教授的悉心指导；感谢拜尔莫斯教授（Christian Bermes）期间邀请我到德国访学；感谢古特兰德教授（Christopher

---

① Schapp, W., *Wilhelm Schapp - Werke aus dem Nachlass: Auf dem Weg einer Philosophie der Geschichten: Teilband II*, S. 171.

② 库尔特·勒特格斯（Kurt Röttgers）将沙普称作哲学方面的“业余爱好者（Dilettant）”，参见Lübbe, H., „Lebensweltgeschichten. Philosophische Erinnerungen an Wilhelm Schapp“, S. 27.

Gutland）给予我对文本理解的无比慷慨的帮助；感谢高松教授为本书撰写简介；感谢于涛老师对全书仔细校对，以及贵州人民出版社朱文迅和编辑辜亚、龙婷等人对该译著出版的诸多帮助。

王穗实

2024年9月

导 言

第一章 1

故事以及在其中出现的东西——在故事中的纠缠者——在故事中的何用之物——在外在世界中的何用之物

我们人总是纠缠在故事之中。每个故事都需要一个在其中的纠缠者。故事与在故事之中的纠缠存在（In-Geschichten-verstrickt-sein）如此紧密配对，以至于我们不曾在思想中对这两者作出区分。人类最伟大的杰作已经将故事以及在故事中的纠缠存在（Verstricktsein）作为对象。我们只需要列举一些名字，如荷马、《圣经》、但丁、塞万提斯、斯威夫特、莎士比亚、歌德和陀思妥耶夫斯基，就会有人们纠缠在其中的一连串无穷无尽的故事闪烁在我们面前。如果我们从这些诗人的作品转向自希罗多德到莫姆森以来的历史作家的作品，或者转向传记，那么这些作品当中也充满了故事，它们几乎无法根据内容与构造而与诗人的故事区别开来。我们并不是要声称世界史，如果有这样的东西，或者任何一个民族或某个时代的历史仅仅由故事组成，或者仅仅是故事的相互连接，但无论如何，个别故事都与世界史处于最紧密的关联中。世界史如果不将故事作为本质出发点，那这几乎是无法想象的。

我们、我们的邻居、朋友以及熟人们，每个人都始终纠缠在故事之中。我们每天晚上伴随着牵动我们的故事入睡，它们伴随着我们，紧跟着我们去到梦中，在醒来的时候又处在我们身边。在所有这些流传下来的或者被我们亲身体验到的故事中，都有纠缠者或者诸纠缠者，他们仿佛作为中心，将故事集合在一起。在这一点上，所有故事都彼此一致，尽管它们之间通常没有什么共同点。

2 现在我们可以问，除了纠缠者还有什么属于故事，还有什么出现在故事之中，又是如何出现的。如果我们望向被我们划定的范围，那在这个问题里出现在我们面前的东西会是无法估计、不可测量的。

首先，纠缠者自身看起来连同他的整个精神、激情、本能、禀性、爱、恨、悲痛、快乐、理性、知性、知识、认识而出现于其中。甚至可以问，每个纠缠者是否始终只能通过他的精神整体结构而纠缠在故事中。我们当然也可以问，这个整体结构是否也许只有通过故事，只有在故事中才能出现、产生、被把握。即使研究无意识之物的学者，看起来仍然必须将意识物作为出发点，按照我们的说法，这大致意味着他们必须从个体纠缠在其中的故事开始。

在故事之中的还有其他人、朋友、敌人和次要人物。但这也许并不意味着什么新鲜事，因为这些人显然也同样纠缠在故事之中。

此外，超自然生物也可能出现在故事之中。在其中可能出现上帝或者诸神、天使、鬼怪。但这也不意味着确定范围的扩展，因为我们也仍然可以说这一切在某种意义上纠缠在故事之中。

动物也会出现在故事之中。动物可以被设想成与人类似的，如童话里的狼、阿喀琉斯的马。于是它们也就以某种方式纠缠在故事之中；但即使这种明显的人类相似性结束了，在故事中动物的出现仍然会或多或少使人想起人类的出现。例如当我们想起狩猎的故事，想起与狮子、老虎、大象的搏斗，或者想起狗在打猎中的角色，或者想起在与人类共同生活中的马的角色，那么我们的确不知道是否应将它们像人类或人物那样安置在故事中。但我们也不能像无生命者那样安置它们。问题看 3
起来仍然悬而未决，我们是否也能在某种意义上谈论动物在故事之中的纠缠存在。

接下来，在故事中还有着似乎无法穷尽的所谓外在世界——从地球到最后的星辰——无生命的外在世界。如此一些新的东西出现了，因为就属于这个世界的东西而言，我们当然可以说它出现在这个世界之中，房屋、河流、山、山谷、星星、月亮和太阳出现在故事中，然而我们无法再在某种意义上说它们纠缠在故事之中。但外在世界的这些构造物可能已经在某些时代被设想为人或者生物，这种观点的残余可能在今天依然有效。不过如果我们想谈论它们在故事之中的纠缠，就会遇到普遍阻抗。但我们可以问它们在什么意义上出现在故事之中，它们与故事有什么关系。

现在，这里看起来有一条狭窄的小径，它将故事与外在世界进行内在连接，并揭示了两者之间的内在关联。我们在称作何用之物（Wozuding）的构造物中看到了故事与外在世界之间的接口。本书第一部分首先研究这些何用之物。如果我们首先概述第一部分与第二部分的关联，即如我们所见，一方面是何用之物与故事之间的关系，另一方面是何用之物与外在世界之间的关系，这也许会让读者更容易进入我们的思路。

我们心目中的何用之物是像桌子、椅子、杯子、房子和宫殿等由人所创的物。不难看出何用之物与故事之间的关联。我们首先可以确定每个何用之物都具有一个故事。我们暂且可以这么说，它是出于某个目的、在某个意义关联中被个人计
4 划的。但当我们说何用之物具有它自己的故事时，实际上仍然是指它适应了人的故事。可以说，为了对何用之物进行恰当分类，我们必须仔细观察作品的创造者。我们可以从创造者角度来理解。从创造者角度出发，它可能涉及一个简短、无关紧要的故事，但也可能涉及一个重要故事，例如涉及一座处于所有意义关联中的大教堂的建造，或者涉及某座金字塔的建造，直到今天人们或许仍未把握它最终的意义关联。而寻找这样一个与作品含义相应的意义关联，恰恰展示了我们在此想表明的。

我们并不打算以这个简短概述来澄清何用之物与故事之间是什么关系。我们只想表明，我们在这里看到一个将何用之物

安置在故事中的途径。

以勾勒的方式勾画出何用之物与我们所见的外在世界之间的关系则更加困难。我们一直认为，何用之物最终只是外在世界里我们发现的诸多事物、人类尚未接触的自然物、在可能填满宇宙的这些自然物中的一种，它只构成成型物质的极小部分，因此这无助于澄清或解释外在世界到底是什么。

本书第一部分深入研究这个观点。我们问是否只有通过何用之物的创造而通往所谓的外在世界。我们也可以说，我们问外在世界是否从何用之物起才形成，如果我们放弃了何用之物及其出现在其中的关联的想法，外在世界会化为乌有。在此，我们意识到，我们在这里使用的每个表达都联系上了新的问题。

但如果何用之物帮助我们获得故事与外在世界之间的这样一种关联，那就说明了故事对外在世界的优先地位，或者外在世界与所有与此相关联的一切仅仅是故事的衍生物，而我们必 5
须在故事中的纠缠存在那里寻找现实性或最终的现实性。

在此我们还可以进一步问，是否所有出现的、所有存在的东西都只在故事中出现；我们问，寻找要么独立于故事、要么自身支撑着故事的东西是否有意义。如果我们在传统意义上将故事之中的纠缠存在说成是某种绝对物（Absolutes），那我们可以问，我们是否以此深入到最终的立足点、核心，或者这种绝对物是否又被其他东西支撑。我们也试图深入研究这个问题。

6 # 第二章

论通过语言的交流——叙述与理解

A与B两个熟人一起散步，各自都在沉默思考。A和B全神贯注的思想构造物（Gedankengebilde）是相互关联的，并以某种方式嵌入到更多关联中。这些关联也能追查到。例如我们可以问，A专心于这些思考，B专心于与A的思考没有共同点的其他思考，这是怎么发生的。

现在A开始说话，他所说的与他先前所具有的思想有关。他将以某种方式整理好他的思想，并在上下文中向其他人进行陈述。

我们从这个日常事件开始。现在我们感兴趣的是，B是如何“脱离”他的思考，并且在开启对话的A完成叙述之后，在某种意义上与A所关注的同一个构造物是如何处在B面前。

看起来只有当A所告知的东西、A的思想构造物以某种方式在B的思想世界中找到接口时，当它找到与这个世界的关联时，当这个世界已经提供地方给A要传达的思想构造物出现时，这样一种交流才会成功。因此人们就从他自己的讲话出发去建立这个接口。在此基础上，人们必须根据是与儿童或成年人、与外行或内行、与男人或女人谈话，而以不同方式安排自己的讲话。例如保罗尝试通过联系雅典人为未识之神而建立起来的祭坛，从而获得雅典人思想世界的接口[①]。

我们甚至可以说，任何交流都依赖于找到这样一种接口，
换句话说，任何交流都依赖于在听者那里有一个与谈话相适应 7
的视域，或者更好地说，与思想构造物相适应的视域。

我们自身与要去诉说什么的人处于相同处境。对此，随着视域的扩展——这要归功于语言学——我们民族有丰富的语言可供我们使用，还有路德的语言、歌德的语言，因此根本不缺少对所要言说之物的表达。对我们的任务而言，最大困难也许在于，我们不得不持续不断地处理哲学家的人工语言——如同这些语言已经或多或少建立了两千年——处理各门单科科学（Einzelwissenschaft）尤其是自然科学的人工语言。我们自己就在这些人工语言里长大。如果我们要仔细检查这些人工语言提供给我们的所有表达，那我们可能无法接受任何表达，或者我们不得不从一开始就将几乎所有来自这些人工语言的表达置于引号中，这是为了表明我们在不同于其创始人的意义上使用这些表达。在许多表达那里，我们与人工语言的距离要大于与日常用语的距离。

所以，我们也许可以浏览哲学术语的整部辞典，却不愿

---

① 《新约·使徒行传》第17章第16—33行。——译者注

意接受即使一个惯常意义上的表达，然而我们几乎在任何地方都找不到顺带记载着对我们而言重要的表达，例如故事（Geschichte）和何用之物。

但是，表达或者处理种种表达的这个困难还不是最糟糕的。对于我们而言，更糟糕的是每位读者都是伴随着这些表达成长，可以说他们是被置于一个与这些表达相适应的世界中，而我们必须以某种方式找到通向读者眼中的这个世界的接口。如果我们将读者的这个世界比作一座大厦，那么读者必须考虑到，为了获得接口我们也许不得不拆除这座大厦，直到地基。但同时通过这个比喻可以表明，与建筑师的任务相比，我们的
8 任务要困难得多。当这位建筑师拆除了大厦时，他终于为新的大厦腾出位置。我们无法以这种方式拆除思想构造物。相反，这看上去像是在与海德拉（Hydra）战斗，一颗头被砍掉又会长出两颗新的头，一个错误被消除了又会产生两个新的错误。我们必须考虑如何对付这灌木丛中充满威胁的种种误解。所有我们视作错误的东西也在我们所纠缠于其中的故事里占有一席之地，也许这些错误在故事、历史中与我们视作真理的东西同样重要，这可能会使我们的任务更容易些。然而，当我们在这里谈论错误与真理的时候，我们已经对语言的使用做出让步。我们更应该说是非现实和现实的，然后可以问，非现实的东西是否也在某种意义上是起作用的，例如一个虚假消息会使我们害怕得要死，或者一种错误的世界观会使我们的心情变糟糕。但这也只是对阻碍交流和理解的种种困难的一个勾勒。

第一部分

外在世界中的何用之物及其感知

第一章 11

何用之物的确定性——何用之物的出自物，质料

在这个部分里我们所关注的、以某种方式建立起故事与外在世界之间关系的何用之物，是由人类所创造的刚性（starr）物体。它是人为的作品。这样的何用之物是杯子、桌子、椅子、房子、教堂、一条道路、一条铁路。

现在我们可以像笛卡尔处理他的蜡块那样，拿起一个这样的何用之物，用我们的不同感官来考察它。例如我们可以划分，我们能看到什么、触摸到什么、感受到什么、听到什么或者闻到什么，我们能进一步问，关于它我们知道什么。在考察我们对何用之物的认识时，我们会想起制造、制造这个的人类、计划、目的、他以此所追求的目的。我们当然能通过这样一种研究深入探究何用之物的本己本质或者本己存在，如果有这样的东西。尽管对这种途径有种种怀疑，我们还是想回避这些疑虑，因为它们给研究带来诸多不确定性。我们不想因为谈论看、听、感受和触摸而给研究增加负担，我们不想一开始就因为这些表达、我们得首先澄清这些表达而使我们的研究更加

困难。我们也不想谈论知识，因为我们无论如何都必须首先表明知识到底是什么。但去确定这些表达到底意味着什么，还需要做很多工作。我们也不打算从澄清这些表达来开始研究，相反，我们想保留权利，从最有利的立场和态度出发，去深入研究这些表达以及对这些表达的理解。

12 此外，我们不想拿起个别的何用之物，在脱离它呈现给我们的偶然状态下对其进行研究，我们认为这种做法是可疑的。相反，我们打算从一开始就尝试尽可能在其所处的关联、整体中探寻它。并非所有关联对何用之物来说都是本质的，但我们不想冒险忽略本质关联，因此要去探索何用之物的整个周围环境。

何用之物或许是在触摸、抓握当中最可靠地被给予我们，如果我们首先从传统当中汲取这些表达，在保留其实际含义的前提下核实这些表达。尽管如此，假如我们还是从被看见的何用之物出发开始我们的真正考察，或者更谨慎地说，从何用之物在多彩世界中出现的方式出发，那是因为何用之物在围绕它的整体中首先在这里最舒适地被把握。但我们决不忘记，以这种方式我们也只是大体上够得着何用之物，这种观察方式不仅要通过何用之物在触摸、抓握中，或许也在创建中出现的方式所补充，而且或许这种出现方式才构成了在多彩世界中出现的基础。

在这些限制下，我们首先尝试去研究何用之物在多彩世界中的出现。目前我们只谈论我们会将看理解成什么，以便在章节结束时根据到那时为止所进行了的种种研究而就此问题给出定论。

13 # 第二章

何用之物的视域

我们对何用之物的研究在这里暂不考虑生物、植物，就它们能被称作何用之物而言。例如我们想到被驯服的动物、栽培的植物。这些生物需要特别考察。

现在，我们并不是说我们可以将完全可能存在的刚性物体划分为何用之物和自然界的刚性物体，例如何用之物是被加工过的自然物。

我们所面对的何用之物都有本己确定性，我们不会在自然物那里谈论这些确定性。何用之物可以是最简单的。另外，这些确定性可能不是非常清楚。马车夫把他的马鞭落在家里，他从旁边的树上摘了一根合适的细枝或树枝，摘掉叶子和侧枝，于是他就有了一个马鞭的代替物，一个我们意义上的何用之物。自行车、汽车也是在相同意义上的何用之物。何用之物的特征可能变得完全模糊不清，例如有人为了驱赶一条狗而从地面拾起一块石头。我们暂时不考虑这种模棱两可的情况。

我们面对的何用之物都或多或少有明确的年龄。它可以是刚制成的，也可以是高龄的。年龄看起来将我们导向何用之物的制造。每个何用之物都是一次制成的。何用之物也可以具有特殊特征——它没有完成或者尚未完成。何用之物的受损可以是多种多样的，生锈的刀具、犁耙，充满蛀虫的木柜，它可能是破裂的、可能有裂痕、可能缺少零件。最终，何用之物可能或多或少被完全毁坏。像肮脏、蓬乱、粉刷、染色、抛光、上釉、刨平、涂抹、实心、雕刻、铜锈、现代、过时、陈旧、崭 14
新、被使用以及其他无穷多的表达都指向何用之物，这些表达只具有一个作为何用之物种种确定性的意义。有些何用之物具有自然状态。它们也可能是斜的、倒立的、摇晃的。何用之物也可以具有正面背面，例如柜子、椅子。

何用之物也可以是彼此相属的，像杯子和杯托，并且相匹配地具有一个自然空间位置。它们可以是随时投入使用的，也可以是要准备好才能使用的。它们可以是或多或少紧密相属的。所以一套茶具、一套餐具属于一个整体，在一个更广泛的意义上，一套嫁妆、一套工厂设备、一个农场家产都属于一个整体。这种配套性也可以在零部件的协同合作中表现出来，例如自行车、机械。

如果我们暂时尝试假定在何用之物之外还有种种自然物，那么对这些自然物而言，所有这些确定性根本是不可能的。就以这样一个自然物为例，如果我们拾起溪流中任意一颗小卵石，那么这些确定性当中没有一个与之相符。它首先看起来至少是何用之物当中的异物。

现在，我们可以尝试详尽列举出何用之物的范围。这也许是一项大规模工程，而且对于我们的目标而言也没必要。但我们必须努力更加清晰地明确种种确定性，我们也可以说是何用之物的特征，作为一个何用之物所独有的特征。如果我们理解恰当，那么这些确定性无法与何用之物任意相分离。我们不能一方面将何用之物视作种种确定性的何用之物，另一方面又将它从这些确定性中剥离出来，并尝试将其视作自然物。相反，何用之物必然呈现出它的特征，呈现出作为何用之物的确定性。如果我们尝试假设有这样独立的事物，我们不费吹灰之力就可以将它划归到自然物的系列里。

15 在个别情况下，我们会拿不准我们所面对的是一个何用之物还是一个自然物。这样的怀疑，例如史前学家面对一个火石的时候，他必须首先对其进行更进一步的研究，才能分辨出它是一个自然构造物还是一个人工构造物。

我们知道何用之物的目的，对于何用之物确定性的出现而言也不是决定性的。何用之物可以以不确定的形式而具有作为何用之物的特征，例如来自陌生文化圈的崇拜对象。

我们显然也可能弄错何用之物的确定性、特征。我们所面对的何用之物可能呈现为这样，但仔细一看，它可能就会失去何用之物的特征，从其系列中脱离出来。

在科学中的火星运河可能就是这种情况，人们时而将其理解为人工构造物，时而将其理解为自然构造物。

在我们的语境中唯一关键的是明显作为何用之物而出现

的构造物能够保持住它们作为何用之物的特征，无法摆脱这种特征。我们必须考虑到这种特征，在忽略这种特征时可以将各个何用之物追溯到一个自然物，始终要保留有自然物这样的东西。

现在，每个何用之物都具有它的“出自物（Auswas）”。我们想说的是每个何用之物都指向质料（Stoff），何用之物是从质料那里制成的。但何用之物并不是一种具有特殊形式的质料。如果情况是这样，那么在形式上与何用之物相似的每个自然奇观都是一个何用之物。在这种情况中，自然景象也许能够被视作何用之物。但它并没有以此成为一种合法的何用之物，而是被纳入到一系列何用之物中。在此意义上的质料只有通过何用之物，通过作为何用之物的“出自物”才能在整个“世界图像”中获得它的位置。同种类的何用之物可以由不同的质料制造而成。杯子可以是由木、铁、金、瓷制造而成。

我们或许还可以对质料进行划分，它们表现为内在均匀还
是不均匀。对此，唯一关键的是去确定质料出现的方式。在通 16
过放大镜、显微镜或化学实验的更进一步观察下，其出现的方式是否会发生变化，则是另一个问题。所以像金、银、镍、锡等金属本身在我们看来是内在均匀的。这种出现的方式会发生变化，当我们借助显微镜弄清楚它们是由结晶体组成时。以此它们在某种意义上变得不均匀。我们暂且不论是否能对结晶体提出同样的问题。

其他质料出现时以不均匀、复合的方式呈现。例如种种金

属合金，当然我们在显微镜下才能区分清楚青铜中铜和锡的结晶体。

这里问题出现了，是否所有不均匀的质料最终都是由均匀的质料组成。

然而，在这种考察中我们已经预先说起了某些东西，在某种意义上不符合我们的研究方法。我们进行这样的考察只是为了首先确定我们现在所关心的研究对象——何用之物的“出自物”，何用之物的质料——即使只是从外部确认，并进一步澄清它与何用之物的关系。

当我们专心研究质料，当质料本身出现在我们面前时，我们处于一个完全不同于何用之物出现在我们面前的其他层次。如果我们使用一种还无法澄清其最终含义的话语方式，那我们可以说表面上以杯子、桌子、椅子的方式在“精神”目光前出现的东西，被分离成个别杯子、个别桌子、个别椅子；那些以金、银、铁、木的方式在我们面前出现的东西，被分离成一块金、一块铁。对属和个体的讨论，或者换句话说，对普遍对象和个体的讨论，看起来在这两个层次中，或者我们暂时说在这两个对象领域中是不同的。这种差异性在语言中表现出来。我
17 们可以说这是椅子，而当我们面对金块时，我们只能说这是一“块（Stück）”金。这就是为什么人们说桌子、椅子是金制的是有意义的，而说一块金是金制的则没有意义。

就种种复合材料而言，我们当然可以说青铜是由铜和锡制成的。但这种“由……组成（Bestehen-aus）”不同于说杯子

是金制的。这样的“出自某物（Aus-etwas-sein）”只属于何用之物。

何用之物在其种种确定性中出现，或者以其特征的方式出现。与此密切相关的是，它们不是在逐点的当下中出现，或者只以逐点当下的方式出现，而是伴随着过去、故事、年龄而出现。这个过去、故事始终伴随着当下。对此，我们说在视域中出现了过去。这个视域会在出现中或多或少被充实。但它也在某种程度上没被充实。我每天用来喝水的杯子有一个裂纹。昨天在那里还没有这个裂纹。现在，在视域里问题出现了，这个裂纹是怎么来的。如此一来，仿佛在始终现成的视域中出现了一座岛。

每个何用之物的视域都以本己的方式包含了它的制造，仿佛它诞生的瞬间。制造者、人以制造的方式出现在视域中。以此，我们已经在某种程度上通过何用之物与“人”这个生物相遇，我们一切努力最终都针对它——尽管目前只是处于遥远的位置。就此而言，何用之物是在工厂中被制造，还是出自工匠大师之手，并不重要。何用之物以某种方式指示人的意图、决定及身体活动。它还可以进一步回溯指示它所出自或者用于制造的质料，指示为准备制造而开采这些材料。现在，何用之物的特征已经可以在它所出自的质料上呈现出来。这些质料会具有一个派生而来的何用特征（Wozucharakter）。所以从这个何用之物的制造，一直到我们今天所面对的他的状态之间，有一个弧线横跨其上，二者密切关联。没有人会否认这种关系本 18

身。但在我们的时代，人们尝试通过例如联想、记忆图像或想象表象的出现去澄清这种关系。但这并没有正确对待我们在此所看到的现象。与其说是视域，我们也可以说是何用之物在其中与我们相遇的意义关联。但这种谈论如同谈论视域一样都需要更进一步地加固和保护，以防误解。

第三章 19

质料最初出现在什么关联中——锯、钻、锤

当世界作为多彩世界出现在我们面前时，我们绝不会感受到我们只是面对色彩，而是说我们始终被种种事物包围，尤其是被包含质料的何用之物包围，而质料已经在多彩世界中以刚性的、固体的、有重量的、有弹性的等类似的种种确定性方式与我们相遇，这种方式会促使我们寻找一种特殊感觉，通过这种感觉我们不断接受质料的这些确定性。相较于远处而言，这尤其适用于离我们最近、更近的环境。我们甚至有这样的印象，远处的事物在某种程度上以其作为最近、更近的环境延续的方式出现，从而推导出它的刚性。当我们睁开眼睛，世界并不是充斥着多彩的鬼魂或舞台布景，而是充满了事物、特征和确定性，如同我们在何用之物那里所努力揭示的。

寻找一种以某种方式不断给我们重、强度和刚性的特殊感觉，可能就像寻找一种接受颜色和色彩的感觉一样，取得同样少的结果。我们认为色彩也许是以变异了的方式出现，这一点我们将在后面探讨。讨论感觉无法进一步澄清这种出现。

或许我们也可以认为质料、事物的“出自物”出现了，始终或者可以在当下处于出现了的状态中。但在我看来，我们在此还可以进一步探讨出现或出现状态的方式。虽然我们如此解释种种现象，质料的这些确定性以出现了的状态在多彩世界中围绕着我们，但如果我们可以这么说的话，这只是一种次要的“存在方式”。对质料而言还有一种原初方式的出现，当
20 然它与派生方式的出现紧密关联。就此而言，我们针对的是对物进行劳作，是工匠、工人与物及其质料打交道，是锯、钻、锤、锉、劈、敲、拖、拉、推以及所有这一类的。在面对多彩世界的时候会觉得这只涉及观看、观察，而在这里我们遇到进行活动的人。最初看来，仿佛进行活动的人对一个预先存在的物质、质料进行劳作。但我们相信关系并非如此，即质料是在活动中、伴随着活动才出现，质料的种种确定性只有在这种活动中才可理解，最终甚至与不同种类的活动形成一个闭环。因此，在拖、拉、举当中会形成一个与重相应的环，在弯曲、打碎、锤打当中会形成一个与质料刚性相应的环。质料首先在人的这些活动中——我们之后还得澄清人是什么——这个澄清只能逐步实现——出现了。于是，在多彩世界中质料的次要出现就是这种出现的衍生物。

现在，我们不能再从外部观察人的活动生成（Tätigwerden）和活动实现（Tätigsein）。另一方面，即使我们将其称作心灵的活动也起不了什么作用。我们只能尝试将这些可能总是或多或少被遮蔽的活动从中解放出来，使其呈现出来。这当然是一项

困难的冒险。

我们在此所讨论的所有活动中，可能有一条通向何用之物的坦途。这些活动与何用之物之间紧密关联。没有这样的活动就没有任何何用之物产生，另一方面，活动从其所创造的何用之物出发才可理解。活动建立了一个意义关联。如果我们要更仔细研究这个意义关联，那我们就要以工匠为导向，例如木工从来都是自己制作他的椅子和他的桌子，铁匠从来都是自己 21
制作他的马蹄铁和车辆配件。很容易就能证实活动和何用之物（我们也可以说是“作品”）之间的意义关联，即使在最大的工厂里也是一样。尽管在这里巨匠的工作看起来是分配给许多人，而这种多人合作还需要进行专门研究，但我们并不打算在此开始这个研究。

现在，就活动和何用之物的关系而言，我们认为工人并不是从对他而言已经出现了的、他所面对着的质料那里创造出何用之物，而是几乎相反，对他而言质料只有通过何用之物才能出现。相对于质料而言，何用之物、作品是第一性的，后者通过活动才从虚无中取出质料。起初人们可能会反驳我们颠倒了关系。与流行观点相比情况确实如此，但我们相信只有我们看或判断出现物的方式才能恰当处理当前事态。我们首先可以指出，像作为同类何用之物的锤子、锯子、斧子、钻机、锉刀等工具，只有从服务于生产制造的何用之物那里才获得它们的意义。而这些工具与我们对事物刚性的一切认识和了解最密切相关。对质料的任何认识、知识看起来都是从使用这些工具开始，我们始终只能从这些工具中确定质料的确定性。质料是可锻造、可锤打的，人们可以对它进行剪切、钻、锉，根据质料的不同种类方式对待它。

现在人们会反驳说，这里只是工具的质料和何用之物的质料之间的关系。但这个反驳是错误的。如果人们更加仔细地观察，就会发现这里并没有两个质料之间的关系，这里的重点在于活动实现，在于使用工具工作。我们必须集中在工作的活
22 动生成的内在方面，我们必须将目光投向锤、劈、锯的内在过程。我们首先从工具出发，向后触摸到我们的手或拳头，摸到手臂，最后是整个身体。但是，如果我们认为手、手臂、身体是视觉身体，那我们就陷入到一个错误层面。这个视觉身体与表明为活动性的身体只是一种疏远关系。这个活动的身体以某种方式出现在另一个层面。如果我们说我们感受到它，这也没什么用。我们所着眼的这个身体看来是离我们最近的东西，但它又被其他共同出现的东西遮蔽了，以至于很难去揭露它。我们只有通过从内部专注于锯、钻、锤、劈等活动来接近它。然后我们感受到身体是如何拉紧、收紧，如何松弛并重新挥动，如何参与进一个循环里——每个运动都从整个身体表现出来。如同身体、胸、手臂和手，脚和腿同样必不可少。我们从脚那里获得每一击劈砍、锤打的新力量。如果脚被老虎钳夹住，那么锤、劈就很难进行了。这个可以说是从内部观察的身体，在工作的时候与工具、锤子、斧头形成了动态统一，并进一步与他所站立的地面、所加工的质料形成统一。每一击都必须与质

料相适应。当我们脚下的地面被撤走，甚至地面只是滑动或者移动时，我们这里所说的循环就会受到干扰。和身体一样，当我们所加工处理的质料不具有同样牢固的基础时，这个循环也会受到干扰。在摇晃着的小船上很难劈柴或者钉钉子。

在我们看来，我们在这里所谈论的这个身体是原初的身体，对身体到底是什么的进一步澄清都必须由此出发，我们也首先从这个身体出发通向身体的视觉现象，这个身体才使得质料出现。我们现在是否必须说质料才是这个身体的产物，关于之前或之后的问题在这里是否还有意义，我们在此还无法对此 23
表态。我们面对的质料和身体是一个统一，在我们所描述的循环之外谈论质料，在我们看来是没有意义的。

但人们现在难道不会反驳我们，说身体本身又是由质料组成，它通过这些质料而对其他质料产生影响吗？向我们提出这个问题的人根本误解了我们。我们在这里所着眼的身体并不是质料的身体。质料的身体，如果有这样的东西，作为不同于质料的质料才出现，如果我们可以这么说的话，作为在此相关联的过程的产物出现，或许也作为我们所处理的质料的反射出现。我们可以拍打手指，割下自己的肉，或许可以锯掉手臂，以此手指、肌肉、手臂就出现在如上所述的循环中，但不是在活动方面，而是在质料方面。一只手能够压着另一只手，于是同样种类的循环就会闭合，但我们总能区分哪个在压着、哪个被压着。我们在自己的躯体上作业的这种现象还能得到更进一步的说明。这可能也有种种特点，但我们并不打算进一步深究。

如果我们现在再次转向何用之物，那我们认为由于何用之物和质料的关系，质料连同其所有确定性只有通过何用之物才出现。如果和制造何用之物没有任何关系，谁也不会想起锯、钻、锤。

第四章 24

在多彩世界中的何用之物——虚空——可见的和被触摸到的何用之物的统一

迄今为止，我们在描述我们的活动实现时一直都避免“触摸”这个表达，因为在我们印象中这个表达意味着现成物被触摸着。但根据我们的观点，触摸属于活动实现的系列。我们或许可以将触摸理解为锯、钻、锤等我们在此描述的所有其他活动的缩写。触摸可能以某种方式建立在这些活动之上。我们并不是触摸物的表面，而是以其质料的方式触摸它。触摸也不是单纯将手放在物上，而是在当中包含了按压——即使是以最谨慎的方式——包含了滑、抓、握。我们甚至可以尝试再将触摸拆分成与锤、刨、拉相应的部分。在此意义上只有刚性物才能被“触摸”，而物随着触摸出现，尽管是以不确定的方式。在此意义上，我们无法在液体那里谈论触摸。目前我们有意不牵连液体。但在这里可以插一句，液体首先是在外部观察下出现，例如我们用手来回穿过水的时候。我们必须再次尝试从内部把握这个过程，以便找到液体出现的起源地，而目前看起来已经确定的是，液体始终只能在与刚性物、固体相关联的情况下出现，而刚性物、固体可以自为地出现。

液体只能在固体基础上出现在我们上述的环内。环只能以此闭合，例如液体在碗里，碗在桌子上。桌子所立于其上
25 的大地就是支撑身体的大地。如果我现在用手在液体里来回搅动，那么该过程也许可以与锯、钻、锤相比较，或者是它们的模仿。

我们当然要十分谨慎地进一步发展这个对比关系，因为在这里作为液体出现在环里的东西，看起来要比刚性物具有更简单的特性。

在触摸、抓握、滑动、感受的时候，也许不仅是我的手所放的地方被触摸到，我们上述的整个环也一起出现，甚至是原初地出现，如此一来，整个被触摸的事物以及在它下面——事物处在其上的地面都出现了，我的内在身体也从中找到了对触摸、抓握、抚摸的支撑。当我尝试适应黑暗的卧室时，我或许从椅子摸到桌子，再从桌子摸到床。在此过程中这些环总是出现，其中椅子、桌子、床作为种种单元分别出现。

当我以这种方式在黑暗卧室里向前走到电灯开关处并打开了灯，那么在触摸、抓握过程中所出现的一切都会出现在我面前，相同的事物以相同的秩序作为多彩事物出现在多彩世界中，它们不是作为内在空虚的多彩现象，而是作为伴随着种种确定性的事物出现，按照我们的观点，这些确定性首先在触摸中，如果再追溯一步，那就在工作、创作中以我们所描述的方

式出现。

它们出现在虚空中，而可通达性可能与在触摸和抓握时的虚空相符合，即我们可以毫不费力就用手够到事物的这个现象。

当我们在这里使用“虚空”这个表达时，我们可能从一开始并不清楚它的含义。因此我们将尝试在它出现的整个关联中更准确地确定这个虚空。我们有这么个印象，当人们谈论起空间时，首先着眼的是所谓视觉空间中的这个虚空。但对于我们而言，成问题的是，这个虚空是否以及在什么意义上与人们首先对空间的理解相吻合，或者在这里是否只是一种远亲关系。 26
空间学说首先要以视觉空间为依据，这一点一定要小心谨慎，因为看起来没有视觉空间表象的天生盲人也拥有空间表象，所以空间表象一定是具备其他基础。但这个意见不应该是决定性的。如果我们要将虚空的出现与所谓的视觉空间联系起来，那我们必须以此为出发点，即虚空看起来不可能自为地单独出现。相反，这种出现看起来依赖于事物在虚空中与我们相遇，根据我们迄今为止的研究，我们也可以说，首先是何用之物在虚空中与我们相遇，桌子、椅子、房子与我们相遇。我们暂时不去考虑动物和植物，不去考虑那些作为有机生物与我们相遇的东西。

现在，如果要出现虚空，那并不是任何物或何用之物都同样适合使虚空出现。如果一切何用之物都是玻璃做的，那么虚空只会不完满出现，目光不会获得恰当的反馈。我们大概能够在以下情况中阐明从虚空中会生成什么，例如人们设想一个由玻璃做的橱柜，它又装满了纯粹由玻璃做的物品。

但即使围绕我们的一切都被擦得发亮，也不会获得关于虚空的正确表象。这样的事物也没有给目光提供恰当反馈。要么出现种种闪亮着的反射，但在事物表面找不到它们；要么出现或多或少完满的镜像，这也妨碍了虚空的出现，至少镜像不能如此清晰，以至于物或者何用之物在镜像中以其表面的方式与我们相遇。

当我们在合适光线下——这一点我们稍后再谈——被多彩事物包围时，我们最清楚地具有虚空现象。在这里，我们将多
27 彩事物理解为具有表面颜色、表面色彩的事物，并非透明的事物。当我们在周围面对透明或者闪亮事物时，多彩事物或者在闪亮事物上的色彩处必定带有虚空的出现，至少如果虚空要清楚明白出现的话。虚空不仅仅在我们与事物、我们的身体和事物之间出现，而且也出现在事物的右边、左边、后面。离我们的距离越远，虚空的出现就越变得不清楚，直至它最终仿佛逐渐消失在视域中的某处。

所以我们认为，虚空的出现以多彩事物的出现为前提，在多彩事物出现的基础上才建立起来。

多彩事物突出的地方在于颜色与事物之间特别紧密的关系。在颜色与事物的这个关系中，我们谈论的是属于事物的附着颜色。它显示了事物表面，并始终伴随它的表面，然而颜色又不等同于这个表面。它仿佛平放在表面上。作为附着颜色，

它只与表面的延伸面积相关。它没有深度，也和深度无关。它不是物质性的。人们无法刮掉它。人们不会将它与画上去的颜色混淆。这种画上去的颜色本身又具有这种表面色彩。我们不确定附着在事物上的颜色是否不受干扰、不受光线影响而纯粹自身地呈现给我们。在多彩事物那里，颜色最纯粹地面对我们。但即使如此，它也会受到光线影响和因阴暗而被遮蔽或干扰，看起来它还只是不完整地与我们相遇。所以我们认为，多彩事物的附着颜色才使得围绕着事物、会被称作与我们之间距离的虚空明亮起来。但这种从属依赖或许是互相的。如果没有距离、虚空的现象，那如我们所见的出现物一样，物、何用之物也不可能出现。

我们在此并不打算确定是否能在液体那里谈论附着颜色， 28
是否能在相同意义上这样做。锅里的牛奶会给人一种印象，仿佛牛奶拥有一个白色的附着颜色。但这也只有在牛奶没有运动的情况下有效。最轻微的震动看起来都会消除作为附着颜色的彩色特征，如同我们在无光泽颜色的物体那里找到的特征一样，并使得牛奶的色彩与例如某个白色刚性物的附着颜色区别开来。

我们已经指出，虚空与多彩事物的出现依赖于光照。我们并不是说这取决于光照的色彩种类。当光照的颜色发生变化，从白光到红光再到绿光，那么附着颜色的质性也发生变化，但这个颜色的附着特征不变，虽然颜色的质性与其作为附着颜色特征的纯度之间存在某种关系。当我们用三棱镜观察某物，例如我们的手，在某些地方，颜色与事物表面之间的密切联系似乎消失了，取而代之的是其他东西，一些云雾状的东西。

但光照也在其他方面对虚空和多彩事物的出现起作用。我们指的是在从黄昏到黑暗的不同程度中出现的差异。如果我们在思维里穿越过这些阶段，那么虚空现象与多彩事物现象都会逐渐消散，虚空充斥着难以把握的云雾状构造物。事物的白色抵抗消解最久。在黑暗中，虚空现象与事物同时消失。

但黑暗并不取代虚空，它不会填满虚空，如同事物的内部填满了它的表面之间那样。或许我们可以说，黑暗跟随着虚
29 空。黑暗本身不再是一个我们能够从外部进行观察的对象，它也不是通过虚空而与我们分隔开。它在多彩事物与虚空的相互作用里没有一席之地。

因为多彩世界中的事物只能出现在虚空中，所以询问它们在黑暗中看起来会是怎样、它们在黑暗中是否还保持颜色等等是没意义的。事物根本不像处于虚空中那样处于黑暗中，它们在黑暗中没有位置，它们根本不在黑暗中。只有在将黑暗视作黄昏最外层的情况下，才能建立起与虚空的关联。只有在黄昏的情况下虚空的现象才会出现——尽管模糊不清——同时出现的还有事物。

如果我们设想自己躺在草地上看天空，或许就能更清楚地知道虚空的出现是如何依赖于多彩事物。天空是一片阴沉还是一片蓝天，这并不重要。在此，虚空的现象消失了，取而代之的是像在黄昏和黑暗中的类似现象。最终我们还只是被云状

构造物，或是被比这更难把握的构造物笼罩或包围。当我们从世界上围绕我们的多彩事物中、从将我们与事物分隔开的虚空中获得帮助时，天空才与我们拉开距离，虚空的现象才再次出现。然后苍穹才再次横跨在我们之上。

在将我们与事物分隔开，同时又将我们与事物联系起来的虚空那里，我们不会像在事物面前停下来那样停住脚步。目光，或者其他什么东西，没有任何阻碍可能而穿透到事物。

我们还可以尝试从事物出发，反过来进行摸索。在这过程中，我们来到了我们的视觉身体，如同它在视觉上与我们相遇那样。但我们未能来到可以说是从中观察事物的虚空里的任何地方。也许我们可以说虚空在我们背后延续着，我们从未有过
背后有深渊或“虚无”的感受。另一方面，如同人们均等地想 30
象欧几里得的空间那样，说虚空在任何意义上都是均等的，是毫无意义的。与此相矛盾的是，事物向我们挪动得越近，它们就变得越大，直到最后事物与虚空的显现变得不清楚、消解、消失。

现在的问题是，我们在上述创造中所遇见的环那里、在这个多彩事物的出现那里，是否还剩下什么。起初情况看起来完全不同。事物看起来是在完全平静的状态中出现，在出现状态下保持不动，我和事物之间没有任何现成的“连接”。这里看起来涉及一个纯粹的直观，涉及一个纯粹的对立和事物的脱离存在，而不是像我们能在锯、钻、锤那里确定、发现的环的相似情况或剩余物。但如果我们更仔细地观察，那我们还是会觉

得仿佛还是能够证明那个关联、那个环的剩余物。无论如何，在我们所理解的身体与何用之物之间似乎始终保持着一个直接隐秘的联系，即支撑二者的大地，作为支撑着的大地当下始终处于出现了的状态中，尽管也许只是在边缘上。何用之物内部就具有刚性、固定的连接。它们通过大地，也与周围事物之间有着刚性、固定的连接。内在的身体也包含在这个刚性的连接中，虽然不像在锯、钻、锤的过程中那么明确，但始终是可指明的。这种与何用之物的关联伴随着整个清醒的生活。在黑夜里，这种连接是一切出现的中心。但在白天，它也贯彻到底。

第五章 31

何用之物和其他物

如果何用之物的出自物、质料只有伴随着何用之物才出现，那么质料就不可能自为地独自出现。质料是何用之物的派生物、衍生物。何用之物不是在其他事物当中的物，它根本就不是物，它也不可能作为某些纯粹质料性的东西出现，质料始终只是何用之物的出自物。如果从外表看，在何用之物之外或之间出现了某些只是质料的东西，那么质料就是从依附在何用之物的“出自物”那里借来它的特征和种种确定性，质料以人为的方式变得独立。我们可以问这种独立性在多大程度上是可行的，换句话说，我们可以问是否每个质料都会随着它的出现与何用之物联系起来，尽管是遥远的关联。如果质料“具有适合制造何用之物”的特征，就有这样的联系。如果质料“不具有适合制造何用之物”的特征，即使是具有中性特征，它是否有朝一日可以用作何用之物仍悬而未决，也会有这样的联系。

如果人们假定我们要在这里就一直现成的质料如何通过何用之物进入人类视野给出一个发生上的解释，那就误解我们了。相反，我们认为质料不是什么自为独立的东西，它出现并且只能出现在我们所描述的环里，质料也并不以此成为这个环里的独立部分，只有从整个环出发才可理解，而在这个环之外不再有任何意义。即使我们谈论大地或者地面，我们也只是在它加入到这个环里的意义上谈论。在这个环里，我们无法询问之前或后来的情况。通常意义上的物质或质料在这个环里也没
32 有一席之地。但我们是在接下来的研究之前做出这个结论。在随后的研究过程中，我们再进行更深入地理解。

第六章 33

作为整体的外在世界如何出现——其他人、动物和植物的出现

我们尝试从迄今为止的成果出发，让所谓外在世界的整体出现。在这里，我们意识到两点限制。和之前一样，我们仍不考虑生物，也不考虑植物界，不考虑它们如何适应出现的世界整体。

此外，我们也有意识地接受我们没有充分澄清被触摸的世界与被看的世界之间的关系。以下的考虑首先从可视世界出发，虽然被触摸的世界在可视世界中一直当下在场。

我们像以前一样需要十分慎重地使用“看”与“触摸”这些表达去表明事物或事物世界的出现方式。在这里，我们仍不探讨人们在表达感知、看、触摸、听、感受的时候所着眼的构造物。我们怀疑是否有这样的构造物，是否有可以寻找到它们的地方或出发点。但我们将暂时搁置这项研究。

因此，现在我们转向出现着的可视世界及其何用之物和任何其他事物，其他现象或构造物。在此过程中，我们要再次

废除或消除何用之物的个别化。因此世界连同其何用之物一起出现，或者换句话说，何用之物在世界中出现。而对于一个构造物而言，世界本身是什么，目前还不清楚。但我们在这里已经特意说“世界”而不是“空间”，尽管我们也还要澄清世界与空间的关系。在这里，我们只知道根据我们的研究，构造物空间和空间性的东西要比构造物世界更加不清楚、更模糊。如果我们在这里将空间作为一些出现的东西来谈论，那我们绝不
34 会局限在像欧几里得空间那样的东西里。我们只能逐渐摸索着将所有这些构造物彼此显露出来，让它们在相互交织的关系中出现。

同样的何用之物会以不同的大小出现在可视世界中。何用之物离得越近就越大，距离越远就变得越小。或者换个说法：在某种意义上必定是同样大小的何用之物，例如电线杆，随着距离的增加而逐渐缩小；电线杆离我们越近，它就变得越大。如果我们从最近处仰望它，它就会变得巨大。它最终不会变得无穷大，也许只是因为我们的眼睛无法足够近地贴近它。也许人们可以在某些拍摄照片的滑稽镜头里搞清楚我们在这里所着眼的现象，当人们将镜头放在相应位置时，他们会长成巨人般。

所以大的和小的看起来是距离的作用，至少在可视世界中是如此，或者换句话说：在大小方面，我们只能将离我们同样远的事物相互比较。每个事物都有它自己的特定大小，我们怎样才能将这种感受或信念相互协调呢。在此，我们对何用之物

的研究看起来可以帮助到我们。就它们而言，我们是在一个特殊的、或许有些不同的意义上来谈论大小。例如杯子会具有一个大小，从摩卡咖啡杯的大小到分杯的大小：如果它比摩卡咖啡杯小，它就不再是杯子；如果它像一个房间那么大，它也不再是杯子。谈论杯子的大小，以及显而易见谈论每个何用之物的大小，都是从何用之物所处的关联中才得出的。在这种关联中，每个事物都会具有一个正常大小。每个何用之物都会向上或向下偏离它。如果向上或向下偏离太大，那么就会失去或者改变何用之物的特征。例如从使用品“杯子”变成展品、广告品“杯子”。

现在人们会问，在这里，大小是否最终要与人的身体大小 35
协调一致，例如人们必须能将杯子以某种方式拿到嘴边，椅子不可以高过人的脚还能放在地上的高度。但人们忽略了我们在这里已经使身体成为对象，身体不知不觉地融入到何用之物的系列中，所以在此收获甚少。

我们认为，在何用之物关系中，大和小的表达只能从关联出发来理解，如果我们想要从何用之物的故事出发来理解，那么它就不再是物体的大小，而是一个何用之物确定性。杯子是大的或小的，或者是太大的或太小的，在相同意义上如同它是脏的、干净的、破裂的、没有把手的、有把手的，或许也像它是空的或满的或太满的一样。这一切都是同一层次上的所有确定性，种种何用之物确定性，它们并不适用于其他的物，如果有这么些东西，即如果有这么些纯粹没有任何何用特征的东西。所以我们或许会说一块砖头是大的或小的，但却不会在相同意义上谈论一块鹅卵石、一堆泥土或一块岩石。但如果我们在此使用这样的名称，我们就已经以某种方式将这些构造物纳入到何用之物中，或者将它们置入关联中。完全不涉及何用之物的其他东西根本不是大的或小的。

事物在距离中保持一定的大小，这与事物的何用特征密切相关。只要它的何用特征、它的意义还出现着，它就保持着这个大小。所以只要我们将它认作或看作房子，只要它作为房子出现，那这个房子就始终保持着恒定大小。只有当它在遥远的距离中变成一种意义不再能被识别的某物时，这个某物才会以此失去它的大小确定性。所以在一幅图画中的房子，就算它只有几厘米的范围，也仍然始终是一个具有房子大小的房子。

可能会与这些思考相抵触的是，当我们从山上看向山谷
36 时，尤其是在晴朗的天气里，在山谷中的房子看起来就像玩偶屋那样。我愿假设其中关系到一个幻觉，就像有的玩偶屋，它们作为玩具屋具有何用之物大小，也有玩偶屋的幻觉。

何用之物出现得清楚、不清楚和大小有某种关系。何用之物在一定范围内被清楚地给予，而它的被给予方式与它所处的意义关联相吻合。在这个意义上，房子是在一个不同于杯子，也不同于大教堂的距离中被清楚地给予。为了完全融入意义关联，还需要有一系列被给予方式。就大教堂或宫殿而言，我们首先从原初获得一个总体印象，在靠近过程中整体被划分成它的各个部分，而当我们直接站在它们面前时，装饰才进入它们

的意义关联中。在这个意义上，也许当我们在放大镜下详细看到作品的精致细节之处时，我们才能对对金银精工细作而富含艺术性的戒指作出恰当评价。

我们必须将何用之物的这个清楚被给予性，和它的材料、出自物的清楚被给予性相区分。如果这个何用之物是由一种材料制成的，那么非常重要的是，一个材料的样品就足以出现在这里了。现在研究走向了完全不同的方向。样品仅仅用作样品。现在，处在这个样品背景中的不再是何用之物，而是可以用来制造出许多完全不同种类何用之物的材料，也就是像我们以金、银、砂岩等表达所指的东西。我们在这里遇到了一种特殊的清楚性。在这里，最清楚的看的位置也许要被纳入研究范围里。放大镜和显微镜在这里起到了决定性作用。在放大镜和显微镜那里有这个最清楚的看的位置，我们很容易就将放大镜和显微镜校准到这个位置。在放大镜和显微镜下，质料的同一性也保持下来，即使质料获得了完全不同的外观。例如，最初 37
一致均匀地出现着的构造物，被证实实际上是由晶体构成，或由不同大小或不同种类的晶体构成。

我们现在不再追查在最清楚的看的位置背后又有什么。如果质料是何用之物的衍生物，那么对质料的清楚的看最终也必须追溯到何用之物及其出现。与之相关的是，何用之物的“出自物”的要素在以下系列中保持其同一性：自然的看、放大镜底下的观察，显微镜底下、电子显微镜底下的观察。但我们在僵化的意义上理解同一性，也许更好地说：可推导性。

如果我们现在再次转向出现的整体，作为外在世界出现的整体，那在虚空后面的是离我们最近的何用之物，其他何用之物则向左向右、被虚空隔开而接近它。与通过虚空的分离相应的是通过大地、地面的连接。

继续向外，其他的何用之物出现了，它们的出现失去了清楚性，并且持续的何用范围（Wozumaß）也许会在某种程度的冲突中出现压缩在一起的现象。这些事物也通过虚空与我们相隔开。继续向后，事物变得越来越不清楚，一直到它们消失在视域中。在这里，我们再次遇到视域的特殊构造物。这个视域无法自为地单独出现，它与附近的以及最近事物的清楚被给予性最密切相连。

因此我们必须将例如浓雾、黑暗的构造物（在这两种情况下，人们无法看到眼前的手）与视域的构造物区分开，视域在某种程度上是清楚被给予的何用之物世界的延续、边界。然而这两种表达都远远不足以把握化为乌有的视域的独特性。

我们可以在类似意义上朝下谈论视域，谈论出现着的何用之物所立于其上的基础吗？这里也有一些亲缘的东西。我们所
38 站在上面的地面并没有确定的厚度。地球是漂浮在海洋上的圆盘，像这样的古老想法正是尝试征服这种不确定，更进一步确定它。

如果人们假设在地底下有冥界，也可以做类似的尝试。

如果我们将目光朝上转向穹苍、天空，那情况又不一样。天上的云仍然表现出与何用之物的某种亲缘关系。虽然它们本

身是不确定的，但却能显示出某种视角。然而无结构的天空，无论它以灰色还是作为蓝天出现在我们面前，不再属于何用之物序列。我们用来尝试把握这个构造物的表达，如穹顶、拱顶、天空这些表达，只显示出这个构造物是多么难以把握，这些表达无法恰当处理这个构造物。这个构造物也不像何用之物那样通过一个虚空与我们相隔开，我们已经在其他情况中指明这一点。

太阳、月亮以及星星的现象也同样难以把握。太阳可以比作一个金色圆盘，人们可以相似地去把握月亮。但这二者都不是世俗意义上的圆盘，不是何用之物种类的圆盘。它们无法被透视看待。我们尝试赋予它们的种种确定性与何用之物确定性的关系仍然不明朗，正如我们不会将天体看作圆盘，我们在它们那也看不到表面，根本看不到任何物体性和物质性的东西。例如，我们可以将它们与火和火焰相比较，或者与其他世间的光源相比较，但它们也只是与由何用之物紧密组成的世界处于松散关系中。现在我们专心致志于在何用之物世界中，亦即可视世界中的这些构造物、类似构造物和亲缘构造物。

种种何用之物并没有穷尽何用之物的清楚被给予的可见世界。引人注目的是，何用之物之间的清楚被给予性有着巨大差异。透明、发光的何用之物要比多彩的何用之物更难把握，我们只有在多彩的何用之物上才能找到附着颜色紧贴在表面上的 39
构造物。在发光物那里，光干扰到我们去把握表面，而这在多彩事物那里是可能的。在透明物那里，表面也许只有在污染或多彩事物的帮助下才会出现。

除了这些我们能够根据其可见性而将它们有序划分好的何用之物外，现在还出现了许多其他构造物，它们也许只和紧密结合的事物有着松散关系。首先包括光效果、光照效果、影子。当我们说到光的时候，我们也许首先想到发光体，例如太阳或者地球上的发光体，火、火焰以及今天的电灯、煤气灯。与何用之物一起出现的虚空绝对不是这些发光体在现象上的产物，也没有表明它与发光体有其他密切联系。相反，发光体首先只是何用之物世界中特别亮的点。它们能够给人留下有形的印象，例如发光的铁，也可以是难以把握的构造物，像木柴或蜡烛的火苗。我们或许也会承认，光源在某种程度上导致了何用之物出现。但是，这可能发生的关联并没有一起出现。关于这样一个关联的问题或许还会出现。

与何用之物一起出现的光照效果一会儿看起来几乎就在表面上，遮盖表面，一会儿看起来处在表面背后。它可以进一步转化成其他何用之物的模糊镜像，最终转化成这个何用之物的清晰镜像。在这过程中，我们的出发点——何用之物本身可能会消失，但它还是能够——当然是模糊地，将自身置于我们与镜像之间。

或许在多彩的何用之物那里也有这样遮盖了表面色彩的照明效果，所以与表面相连接的附着颜色可能永远无法无遮蔽地赤裸出现。

40 我们可以对影子进行类似观察。在我们面前的雪茄盒一面是亮的，另一面是暗的，但我们在这两面上都能面对属于事物所固有的附着颜色。

我们又可以将这个构造物与事物投下的、与事物一起移动的影子相区分。这个影子甚至看起来就是同一个影子在移动那样，在地面上滑行。这是施莱米尔（Schlemihl）的影子[①]。

这些光影现象与何用之物在我们面前一起出现的秩序和关联，在黄昏中被松动、干扰。随着暮色加深，干扰进一步加剧，在我们与事物之间出现了一种絮片状构造物，直至在黑暗中，事物本身、虚空与其他的光现象都消失了。我们并没有以此失去与世界、与牢固建立起来的大地的联系。这种联系仍然以自己多种多样的方式保持着。但事物出现在虚空中的联系却消失了。黑暗并不代替虚空，也不填充虚空。只要某种类似空间的东西随着黑暗而出现，那么这种空间就与事物空间没有任何关系。这种空间也没有吞噬事物空间。在黑暗中也会出现色彩，正如在我们眼前会出现绿色和蓝色。但在黑暗中不可能有任何事物出现。

我们还能以同样的方式研究特殊的过渡构造物，例如当我们在黑夜里朝外看向一个发光的房间，或者当我们在黑夜中靠近篝火，或者像孩子们将星空与烟花景象比较那样。事物只出现在虚空中的现象在任何地方都会贯彻到底。

所以我们还能长久地继续研究，特别是还得澄清在所谓的感性质性（Sinnesqualitäten）与事物之间的关系与连接，在事物

---

① 沙米索：《彼得·施莱米尔的神奇故事》，李欢欢编译，上海：上海外语教育出版社，2020年。——译者注

和我们身上的声音、噪音、热–冷现象之间的关系与连接，在所
谓的味觉与事物之间的关系与连接。未被深思熟虑而被选作出
41 发点的自然科学知识在路途上到处妨碍我们。如果要深入到原
构造物，首先必须到处冲破这个环绕着现代人的铁环。对此，
在一些领域里需要多年训练。

我们只打算指明声音和噪声现象的领域。当我们在黑夜中漫步在路上时，声音时而从右、时而从左、时而从我们前面、时而从我们后面出现。这个声音似乎来自黑暗（来自黑暗空间）。但当我们无成见地考察实际情况时，或许需要对它作出不同解释。声音使得事物出现，尽管以不确定的方式出现，而这些事物朝着某个特定方向出现在“事物空间”中，该空间构成了一起持续被给予的我们身体、地面空间的延续。情况好比篝火出现在同样的地方，即篝火并不是作为光的显现，而是作为事物再次出现在其中的篝火，尽管轮廓不确定。就像这些事物在朝某个方向处于我们面前的视域中构成一座岛屿那样，这样的岛屿也和声音一起出现在事物世界中，并陪伴着我们度过黑夜。

当我们在夜里注视星空时，关系到的并不是这种岛屿的出现，而是类似构造物，就像在烟火中出现火花那样，它们不再能归类到事物世界中，但也不能与眼睛的内在光（Augenschwarz）①

① 费希纳：《心理物理学纲要》，李晶译，北京：中国人民大学出版社，2020年，第九章，注释18：“在完全黑暗的环境里，眼睛仍然能够产生光亮的感觉，随着时间延长这种感觉会加强。费希纳称这种光为Augenschwarz（意思是眼中的黑暗）……通常将其翻译为眼睛或视网膜的自发光或者内在光。”——译者注

中出现的微光或构造物相提并论。就这方面而言，与事物世界的关系或许还持续着，即这些构造物可以处在某个方向中。但这方向的构造物只有从事物世界那里才能构成，测定方位的固定点必须来自事物世界。

完整的研究还包括研究液体物与事物世界的关系，也许还有气体物与事物世界的关系。但我们只局限在偶尔发表对理解不可或缺的评论。例如我们认为液体物只能在刚性物、固体物的基础上保持自身、出现。

运动的现象看起来也只能通过刚性物、固体物而出现在 42
视野中，但是这种依赖性并不像人们最初想到的那么明显。例如一个球在我面前的桌子上滚动的情况可能相对简单，但是当一个反射或影子在桌子上或墙上掠过时，运动的现象也会突然闪亮起来。当一颗流星在黑夜中从天空中落下，或者一个手电筒、光塔的光束亮起，运动现象也会出现。当黑夜画面或者不可控的微光在眼睛的内在光中看起来任意运动时，运动的现象也会出现。当声音似乎在游荡的时候，运动现象也会出现。不过，空间中的某些事物类东西是否总会随着声音而闪亮，这是可疑的。现在我们可以问，运动的现象在所有这些情况中是否都是一种统一的现象，这种统一性的基础是什么。所以人们会有这样的印象，即运动也会或多或少清楚地出现，并且我们在这里所提及的所有运动都可以追溯到在桌子上滚动的球。就像这里球在背景上滚动一样，在所有其他运动那里也需要一个这样的背景，也许我的“身体”也需要以虚空的方式与背景相隔，即使是以不清楚的被给予方式。或许在运动出现的过程中，外在身体以及作为躯体世界开端的外在身体（世界借助何用之物而围绕着这个开端建立起来）的稳定性与刚性起到一个非常难以确定的作用。

所有所谓的自然现象也都可以归入这个世界中，雷雨与风暴，最终也还有其他的东西、人类、动物与植物。所有这一切都在这个多彩世界中、都与这个多彩世界一起出现。如果我们首先尝试从一个十分不确定的表达开始，谈论在此呈现出的问题域，那么这看起来会以最多样化的存在方式出现。动物与植物看起来具有一个完全不同于其他一切的存在方式，因为它们
43 自身具有一个中心，因为它们以一种特殊的年龄与我们相遇，并且随着生命性的现象又具有不同于何用之物的存在方式。何用之物也以一个年龄与我们相遇，但这种年龄不同于生物意义上的年龄，不同于生物视域中的年龄。何用之物的“出自物”呈现出另一种不同的存在方式，黑暗、色彩与虚空也呈现出不同种类的存在方式。所以人们在黑暗那里无法谈论一个年龄。黑暗也不是在空间中的，即使它也是空间的。当然“空间的”这一表达暂时还是含糊不清的，并没有说明什么。如果我们指出外在世界在我们这里着眼的意义上不仅在白天光亮，而且这个外在世界作为本质上相同的东西在蜡烛或者火柴的光那里也伴随着我们试图确定的所有规定性出现，这也许能澄清一些实际情况。

如果我们的描述是完整的，那我们还是要以像在何用之物

那里所做的尝试的类似方式，将世界在多彩中的出现与我们忽略掉所有色彩时世界的出现联系起来。在这里我们不能说世界在黑暗中出现，因为在黑暗的最极端情况下，我们与这个多彩世界相隔绝。但同样的世界当然可以在与声音、噪音的最紧密关联中出现。但即使我们不考虑这一点，仍然剩余一个关于内在身体及其立场或者立足点的世界特有现象，在被听到的和可视的世界中它也作为世界中点而贯彻到底，朝世界的四面八方敞开。

现在，在外在世界这个现象中，我们纳入了何用之物和内在身体，也通过何用之物和内在身体纳入了质料和身体的“出自物”，并以此回到我们的出发点。我们现在并不相信我们已经以此将世界（如果有这样的东西）把握成整体，而是说我们所展示的只是起点，如果我们愿意，也可以说是对接下来研究的讨论或理解的基础。我们也不是要呼吁每个读者在他的世 44
界中重新发现我们在此所概述的一切。例如在一个天生盲人那里，我们不能期望他能理解我们在多彩世界下所探讨的一切。但他或许能理解那些我们在被抓握、被触摸的世界下所说的一切，或者与声音一起出现的世界。

此外，我们不打算假设只要有人，每个人都必须具有一个相应的世界图像，这个或许属于人的“概念”，而是说我们只认为，只有从这个基础出发，才可能与另一个人就外在世界达成相互理解，或许还有就外在世界归入一个更加全面的世界图像达成相互理解。例如如果人们设想缺乏这个基础的生物，那么关于这个基础的意义和归入为一个整体的相互理解也就不再是可能的了。

例如我们不打算去思考一个外在世界是如何呈现给动物的，在动物的外在世界中可能会缺乏什么，因为它们没有我们意义上的何用之物、手、胳膊。但我们或许可以指出，在人类与狗和马共同生活的合作中看起来表明了一种理解可能性，这种可能性最容易得到澄清，如果人们假设至少对于这些动物而言外在世界就像对我们而言那样相似地形成，并且例如相比起一名精神病患者，我们更加容易与狗相互理解。

第七章 45

欧几里得空间与何用之物——作为几何学基本结构的刚性何用之物——作为刚性系统的外在世界

现在，我们将在我们思考中出现的构造物与看起来相应的几何学结构联系起来。在这件事情上，我们首先局限在视觉构造物上，局限在多彩世界中出现的构造物上，并暂时将在“触摸”中出现的构造物搁置一旁，而就它们也已经是在多彩世界中最初的东西而言，我们当然要考虑这些构造物，它们如同我们尝试详细解释的那样构成基础。

人们在语言使用中将一个被认为充满质料的物体与一个可以将物体纳入到自身中的空间区别开。与之相反，人们将一个数学物体理解为空间，一个质料物体所占据的空间。人们在物体那里或者从物体出发区分面、线、点。

在我们面前出现的构造物与几何学构造物的结合点在于何用之物，以及何用之物看起来处于其中的虚空。

借助刚性何用之物，我们似乎接近几何体、点、线、面等构造物，如同数学家所着眼的构造物。在刚性何用之物那里，我们可以越过表面到达面，再从那里出发来到平面。在面上会出现的是线和图形，尽管最初更像是装饰花纹，它们也可以将面的一部分与剩下部分分开，而在线的交会处看起来出现某些类似点的东西。

所有这一切都能够或多或少清楚出现，但看起来只能在与刚性物体的连接中清楚出现。

这些构造物似乎无法清楚出现在我们与物体之间的虚空中，只有在几何体只能出现在这个虚空中的意义上，像点、线这些构造物的出现才会需要虚空。

46 如果这些数学构造物，或者首先根据传统说法，我们可以说它们的感性相应物要尽最大可能清楚出现，那么就必须具备我们在何用之物及其质料的清楚被给予性中所详细论述的种种前提。我们无法在暮色或者黑暗中面对何用之物，因为那时候面、线、图形等现象都模糊、消失了。如果我们要研究这个现象，我们也无法从透明或者发光的何用之物或物体出发。即使是在这些东西那里，在此所涉及的现象也很难把握。我们还得从刚性何用之物出发——刚性也必须有一定的持续时间——如果刚性物体的部分位置在我们眼里发生了变化，那我们以此失去了直观中的几何学对象，或者几何学相应物的对象。如果我们在一个铅块上开始去了解什么是物体、表面、线和图形，要么我们已经找到了相应的斑纹，要么我们自己刻划或者画上去，并且如果铅块现在开始熔化，那么表面、线和图形都随之消融，而我们所研究的构造物也会随之消融。至少在论证或者研究期间，刚性物体必须保持静止。正如它不会变成液体那样，一切并没有摇摇欲坠，它也不会扩展或者收缩。

但如果我们要研究那些与几何学构造物相称的构造物，物体也必须得保持静止。如果物体像一个陀螺那样在我们眼前运动，那么这就使得研究变得更加困难或不可能；但我们的身体，刚性的身体，看起来也必须在与物体的关系中具有一定的静止位置。如果我们坐在快速转动的转椅上，也会使得研究变得困难或不可能。

在黑暗中也会出现使我们想起数学构造物的构造物。在黑暗中的火花可以比作数学的点，闪电会使得线突然闪亮一
下，但我们似乎无法在黑暗中找到一个与物体表面或者平面相 47
应的构造物——黑暗没有表面。我们也很难确定，在黑暗中的发光点，或者在黑暗中的闪电或类似的图形，是否在我们远处出现，或者换句话说，是否在我们与之相分隔而穿过的虚空中出现。就像这些在黑暗中的光现象和面没有关系一样，它们也和物体无关。我们也可以将星空的构造物一起纳入到这个观察中。星星看起来在天空中排列成图形。在这过程中，在我们与星星之间看起来出现了一段距离。与黑暗的背景相比，出现的图形显得分外突出，但这个背景并没有像在我们所处教堂的穹顶那样作为面而出现；与这些在刚性物体上近距离出现的构造物不同，在此似乎始终涉及意义模糊、难以把握的构造物，它们或许只有通过重新解释，解释为像在多彩何用之物那里所清楚出现的构造物，才能获得一定的支撑。

我们现在再次转向被清楚给予的、在虚空中出现的多彩何用之物，并尝试捉住能够在这里出现或者可以得到出现的种种空间确定性，以便之后将它们与几何学所出自的构造物相联系。三维性首先是随着刚性物体或物而被给予的。它是直接被给予的，至少就这个物体的每一块或者每个部分都具有、保持其相对于其他部分而言的固定位置来说。这种三维性的出现看起来也没受到所谓透视缩减的干扰。物体就像它出现的样子那样，面对透视缩减保持自身，并通过它的结构、通过它的年龄或者通过它的持续时间来抵抗缩减现象。这种缩减被不断修正。我们将这种现象与此联系起来，即物体是作为伴随其故
48 事、伴随其年龄的何用之物，并根据其种种确定性而独立于它“当下的”显现方式，基于它的故事而始终保持同一，无论它距离我们近或远，无论它是清楚或不清楚地被给予我们。

我们其实无法从我们的立场出发去谈论显现方式。我们只是暂时使用这个表达，另外我们还会在我们关于感知的观察中谈起这种话语风格。

如同三维性伴随着刚性何用之物出现那样，表面也在与刚性何用之物最紧密的关联中出现，而在无光泽的多彩何用之物那里，表面也再次与附着颜色处于紧密关联中。在个别事物那里，这个表面仿佛到处都回转（zurucklӓufen）进自身中，要么像在没有任何标记的球体那样，要么像有棱角边缘的特殊标记的立方体那样，再进一步是在这两种形式之间的无穷中间形态。在像立方体的构造物那里，表面通向面的下个构造物，

这一面在棱角处那里翻转到另一个面；在与物体的关系中，没有任何凹凸处的面，就是作为平面而面对我们。这个确定性是否足够精确，会是成问题的。我们只打算将它视作暂时的确定性。在这个面上可以出现线条、纹路、图形。类似种类的构造物也可能出现在不平坦和弯曲的表面上。我们暂时关注这些面上的图形，只因为这里的种种理解难度更小。这里出现的线，例如是用墨水画的，作为狭窄的面出现，它看起来与数学家们谈论的线不同。但如果我们考虑到这些狭窄的面跟它们所画在其上的表面相比又具有边界，如果我们将这些边界作为关注的焦点，那我们已经以此接近数学家所着眼的面中的线的构造物。

如果我们继续关注两条这样的线的交叉点，那就出现一个
非常接近数学的点的构造物，也就是说在这里同时出现了四个 49
点，在这里形成了四个角的顶点。所以当我们用墨水画一个三
角形并谈论它时，这种表达方式是完全不精确的。始终出现两
个三角形，一个有着更小面积的内三角形，以及一个有着更大
面积的外三角形。在这里，被墨水覆盖的面本身又是一个自为
的平面图形。

现在的问题是，我们在此所指出的这些构造物，如物体、面积、面、图形、线、点，与那些数学家所着眼的相应构造物之间有什么关系。

但在研究这个问题之前，我们还要合目的地澄清我们在这里所指出的这些构造物、从三维性到面上的点的与数学构造物

是亲缘的构造物，与人们就空间而言所想到的构造物之间有什么关系。

例如人们会说，当铅块熔化时，它作为刚性铅块所占据的空间似乎仍然是铅块存在的剩余部分。如果铅块从一个位置被移到另一个位置，那人们也会认为它迄今为止所占据的空间或者空间部分仍然存在，并且它只是“在空间中”占据一个新位置。我们也可以尝试将我们现在所谈论意义上的空间与虚空联系起来，这样虚空就大约相当于全面空间。在全面空间中，铅块可以时而占据这个位置，时而占据那个位置。

但所有这些想法在经过仔细考察后被证实行不通。例如，如果我们尝试想象整个世界只是由虚空中的这个铅块组成，那么谈论地点的变化就不再有意义。我们既不能说铅块保持它在虚空中的位置，也不能说改变了它。我们既不能说它下落，也不能说它上升。我们或许也能这么表达，即虚空总是一起上升或下落。在这种情况下，我们始终假设铅块没有改变它的形态。

50 当我们引入第二个固体，相关联地改变铅块位置的时候，我们才能实现在虚空中的位置变更。这第二个物体可以是一张桌子，铅块在它上面。这第二个物体也可以是铅块所在房间的四面墙。第二个物体也可以是我自己的作为刚性出现着的、一直现存的身体，铅块靠近或者远离它，或者朝某个方向穿过它。如果我们刚才说在虚空中漂浮并构成整个世界的铅块，它的位置变更的想象是不可实现的，那么这或许与以下这点相关，即至少自己的身体始终在相对铅体的某个位置上（仿佛在最外层的前景中）与铅体一起出现，这个身体充当虚空中的一个参照点，铅体可以面对参照点或与之相关联地改变它的位置。这个参照点又必须是一个在虚空中的刚性物体。这个参照点包含在每一个描述中，例如我说刚性物体，即铅块，它远离我、靠近我，它向右、向左、向上、向下移动。在所有这些描述中，自己的身体作为关联客体而共同出现。

如果在这件事情上要获得这种位置变更或者运动的清楚被给予性，那么铅块也必须出现在围绕它的、处于我与它之间的虚空中。我们或许可以将在黑暗中出现发光点相比于我们在这里所讨论的种种现象。在这样的闪亮中，也会有位置变更的现象，但只是以不清楚或者不确定的方式。

正如我们只能在与一个参照点的关联中才能够谈论刚性物体的位置变更那样，当第二个物体被共同给予时，我们也才能找到固体所占据的空间，而当固体离开空间时，空间仍然保持不变。如果铅块处于碗里，并且现在开始熔化，那么我们可以
在与碗的关联中谈论铅块在熔化前所占据的空间。这个空间也 51
可以通过在碗那里作某种标记而被把握。如果我假设只有铅块和碗，那么我们或许甚至可以说，铅块的位置保持同一。

但如果我现在加上一张桌子，碗放在其上并且在桌子上面移动，那么看起来被标记在碗上的固定空间位置就不再能被视作固定空间位置。在与碗的关联中它还是保持同样的位置，但在与桌子的关联中并不是。我们可以将这个例子任意继续进行

下去。我们可以从桌子进一步来到桌子所在的固定房间。但如果我们再想象这个房间在一艘远洋轮船中，那我们再次体验到相同情景。

因此，看起来我们始终只能在一个固体的刚性系统中谈论物体占据的空间。在我看来，这个固体的刚性系统正是我们已经在关于何用之物与身体的前面的章节中所尝试把握的世界。无论是关于固体、它的表面、面的谈论，还是关于它所占据的、能够改变的空间的谈论，只有在这个可指明的、始终现成的世界中才有意义。虽然我们可以尝试去使得这个世界里的要素渐隐（abblenden）[①]，或者使剩余的东西渐显。然后我们就会获得像物体、表面、平面、面的构造物，获得像三角形、圆的图形，获得像在空间中的位置和运动那样的构造物。但我们始终只能在整个世界的背景或基础上获得这些构造物，世界绝不显示为质料的世界，而是伴随着种种确定性的何用之物世界，这些确定性归何用之物所特有，其中一个确定性在于何用之物是由质料构成。

现在，我们在这个世界中（如果我们暂时保持这个表达）是在没有失去环境、背景、基础的情况下使得要素渐显，还是说我们仿佛使得这些要素独立，将它们从基础上撕扯下来，从整体那剪裁出来，这两者之间存在着巨大差异。当我们只渐隐一个要素，并在这过程中始终牢记渐隐，那对我们而言，

---

① 原意指在摄影或电影、电视中使光线逐渐暗淡，使其渐隐，亦有给某物遮光、缩小光圈的意思。——译者注

要素与整体的关联就始终是在场的。当我们以这种方式谈论三角形时，那么它当前对我们而言只是一个在刚性黑板表面上的图案，刚性黑板是一个与其它何用之物联合中的何用之物，在这个联合中，我的身体也有一个位置，而整体最终会停留在视域中。只要当下是这样的，只要我注意到这一点，那么我就不会陷入危险，即将这个三角形装饰，或者它所在的表面，或者出现在其上的物体用作某些独立的东西；我尤其不会陷入这样的危险：从这个被独立的要素那里或者围绕这个要素建立起一个世界，构造一个世界，然后将这个世界代替原初的世界。在这里，对三角形、面、平面的要素本质误解的危险，并没有对刚性物体的要素本质误解的危险大。特别大的危险是这样的误解，就像刚性物体最初作为何用之物出现，作为何用之物被给予，然后从这些关联那里被撕扯下，并且被渐隐、把握为质料，完全成为质料。 52

我们也无法通过持续意识到每个个别物体仍然拥有一个空间环境、只是整体中的一部分来纠正这个错误，而是要意识到作为何用之物的物体只是在整体中、在我们所指出的所有关联中的一个要素。

刚性何用之物不仅是关于空间的所有思考的出发点，而且也是关于质料的所有思考的出发点。对这两种思考而言，它是统一的出发点。例如当我们尝试深入到虚空空间的要素时，那我们就不能首先从围绕着刚性何用之物的虚空出发，因为这个虚空只是在与何用之物的关联中才出现，并且它只是整体出现

着的构造物的一个要素，进一步地，因为刚性物体与围绕着的虚空也只是与之一起出现的整体全貌的一个要素，而身体及其
53 与刚性何用之物的联系也属于整体全貌。如果我们将包括身体在内的这个总体构造物称作刚性系统，那么我们也可以如此表达我们的观点，即我们在这个刚性系统里才遇到像虚空空间这样的构造物，在刚性系统中才遇到个别何用之物运动的基础，这里仅有的限制是从这个刚性系统基础产生而来。在这种关联中才出现类似虚空空间的东西，也就是当何用之物发生移动时，它在移动前在刚性系统中所占据的空间。在这里，虚空空间总是根据个别何用之物与支撑着它的何用之物之间的关系来确定方向。当铅块在桌子上运动时，那么铅块之前所占据的虚空空间在与桌子关联中出现在桌子上。但是，如果在同一时间或者在同一个关联中桌子对于房间而言在相反意义上移动了，那么铅块相对于房间而言维持着它的过去位置——它过去的空间位置。但在这里，我们不能将空间位置等同于在虚空空间中的位置，它始终只是一个在刚性系统中的位置，尤其是刚性物体，刚性何用之物的现成存在（Vorhandensein）始终是在这个意义上才为虚空空间的表达方式提供支点，而刚性物本身又指示了作为发源地的锤、锯、钻、敲，刚性物出现在这些发源地上。

如果我们将所有刚性物体或者被联合成一个系统的刚性物体拿走，或者想象成被拿走了，那么询问是否还剩余一个虚空空间、一个虚空的无尽空间是没有意义的。如果我将方块从

它在桌子上的地点拿走，那么我可以谈论它相对于桌子而言先
前占据的地点或者空间位置。如果我从房间拿走桌子，那么我
可以就桌子在房间中所占据的空间提出相同问题。然后我继续
进一步提出同样有意义的问题，一直来到古人意义上的地球圆
盘，或者我们意义上圆的地球。然后我可以就地球提出相同问
题，但因为与随后考虑的其他物体没有刚性关联，所以这个问
题在这里或许已经获得某些不同意义。但如果这个问题总的来 54
说要有一个意义，那我们将不得不考虑刚性、刚性关联或者刚
性关联的替代物。但如果我们认为属于这个刚性系统的所有物
体，我的身体也属于这些物体，一直到最遥远的星星都能被把
握到，那么给这整个系统分配一个在空间中的固定位置就不再
有意义了，它就像铅块能够变动它在桌子上的位置那样能够变
动位置。我们只能在刚性系统内谈论空间与空间位置。

在这件事情上会引人注目的是，人们只能在刚性系统的基础上谈论我们意义上的空间位置，以此在一个只由液体和气体组成的世界里谈论空间是不再有意义的，如同想象一个由液体或气体组成的非刚性或部分刚性的身体，是行不通的。我们当然可以在这里问，我们通过引入像液体、气体这样的自然科学或半自然科学的概念作为我们思考的支柱，而这些思考的首要先决条件是不用这样的概念，那我们这样的思考是否陷入误区。或许我们会回答说，流体和气体只能作为刚性东西的变异而出现，并且只是在刚性物的基础上，只是在刚性物出现在其中的关联里作为刚性物的衍生物出现，我们还得将液体和气

体归入出现着的世界整体中。要特别注意的是，在我们谈论意义上的刚性物并不是绝对的刚性物，而是说只有在它出现在其中的关联里才能获得它的刚性。如果它是在最终意义上的绝对刚性，那么它绝不进入锤打、锯、钻、锤击的关联中，它也绝不作为绝对的刚性物出现在这个关联中。如果我们回想起刚性物出现在其中的关联及刚性物作为在创造何用之物的环中的要素，那在我们这里遇到的刚性物视域里，“相对的刚性物”、液体和气体出现在视野中。

55 当我们指示出在刚性物要素上的这种相对时，这当然又影响到我们就空间所提及的所有一切。空间不是比刚性物体更加稳固的构造物，刚性系统不是比刚性物体的整体更加稳固的构造物。当几何学构造物忽略了所有物体的相对刚性，从绝对的刚性出发，或者以此为基础时，几何学构造物在一定程度上远离了在创造中出现着的世界。绝对的刚性也许是某些作为永远无法实现的原点，作为例如人们看到的一系列的端点而出现在视域中的东西，比如当人们根据物体的刚性程度来划分它们的时候。

第八章 56

个体和属——关于何用之物的属——动物界中的属——论在其他领域中的属

如果我们现在首先就何用之物的范围提出个体和属之间的关系问题，那这并不是因为对属的研究将我们引到这个地方，而是因为在我们的研究发展中遇到我们总是会想到属的构造物，却没有搞清楚它的发源地。

所以我们提出这样的问题，对我们而言，与汽车的属或者自行车的属，杯子、锤子、锯子的属相适应的构造物在哪里出现、如何出现。

在这里，我们从熟悉的个别汽车出发，以某种方式从那里推进到属。这辆汽车伴随着它的过去处在我们面前。每一辆汽车在它（汽车）的过去中看起来都是不同的，因为过去只是容纳满了种种不确定性而不确定地出现。例如这辆汽车也许已经跑了40000公里，它的状况依然很好。它已经折旧了40%，它出自X系列、Y工厂、1950年。因此，我们已经从这辆个别汽车那里接触到根据相同模板或者计划而制作的系列（Serie）。在这个系列中存在或曾经存在的10000辆汽车，它们起初全部都是相同的，而在今天也许不再有两辆车是完全相同的。每辆个别汽车都铭刻有自己的故事。在它们当中有“少许”被使用过、被耗尽，这样的汽车也许已经经历了碰撞，并且已经安装上许多新备件，也有汽车已经停止使用了。按照传统说法，我们也许可以将这个系列称作属。但如果我们在这里所说的属指的是普遍对象，那我们会说10000辆汽车同样是一个个别对象，一个个
57 别对象的总和，而且也是个别汽车。每辆汽车都有它的独特编号、独特标记。我们在这里没看到漂浮在10000辆汽车上的任何普遍对象。当这里的语言组成普遍命题时，例如1950年Y工厂X系列的汽车没有好的避震器，那在我们看来这只是属于这个系列的10000辆汽车没有好的避震器的一个缩写。或许还有其他系列，例如赛车，只有5个特殊样本属于该系列。在这里，也许更可能的是我们随着系列只看到个别汽车、只得到个别汽车。即使另一个工厂生产出一个样本的相同汽车，它也不属于这个系列，而是一个仿制品，并与系列处于这样的关系中。它并不由此而获得对这个系列的从属关系，但却获得与该系列的特殊关系。仿制又与伪造紧密关联。因此，过去由于银价下降，生产与真塔勒同样含银量的假塔勒曾经是值得的。但从传统意义上来讲，这些假塔勒并不因此属于塔勒的属。在我们的意义上，它们并不属于塔勒的属，因为它们并不属于在国家控制下所铸造的塔勒的系列。如果我们还要更进一步地详细解释这一点，那我们也许会这么表达：个别的真塔勒在它的故事中追溯到这

个系列，而在这个系列中没有留给假塔勒的位置。虽然真的塔勒和假的塔勒是一样的，但它们并不属于传统意义上的同一个属。

现在，我们可以在所遇到的每一辆个别汽车那里踏上这条道路，这条道路最终将我们带回到系列中，在那里，无论系列是大的还是小的都没有区别。于是我们可以借助于一般而言一起出现的个别汽车而到达可能会有的系列。有了所有系列，最终我们掌握了所有可能会有的个别汽车。我们最终遇到第一辆汽车，但我们在任何地方都没有获得一个像属的构造物，而
是只发现一个持续增长的个别汽车总和。如果我们现在尝试就 58
汽车形成种种普遍命题，那所有这些命题最终只与个别汽车有关。我们或许可以说：汽车意味着技术的巨大进步或者汽车其实是一个灾祸。这关系到的汽车总是出现在自人类历史中某个时期以来的叙述关联中。这种情况可能给人以这样的印象，仿佛我们从树的细枝那里穿越过树枝向前推进到树干和树根，然后反过来又从树根回到细枝，看看所有细枝是如何源自同一个树根。

我们也可以从最初发明者的角度出发观察情况。在制造最初汽车的过程中，这位发明者也已经在视域中具有了后来出于其发明而被制造出来的个别汽车（尽管是以不确定的方式）。

我们现在可以问，我们是否可以在发明者那里谈论一个观念，这个观念又能构成谈论属的基础，观念又先于最初汽车的制造。但在这里，我们在浮现在发明者眼前的东西中也始终只

看到具体的汽车或者对具体汽车的初步试验，它们最终导致了最早可用的汽车。为了完全澄清，我们还得进一步追溯，将发明放置在发明者的全部知识中、发明者的世界中。

就像对我们而言，汽车一般（Automobil überhaupt）、汽车的属以此消解在历史上的汽车所出现在其中的大量关系中那样，我们可以从每一个何用之物出发，无论它现在是一个杯子、一座房子还是一座金字塔，去探照它们出现于其中的种种视域。在这里，我们始终只获得在相应于汽车的种种关联中的何用之物的总和。每个个别的何用之物在某种程度上可以说都在关联中被编号。何用之物的数目是庞大的，但不是无限的。
59 没有地方出现一些像属的东西，只有个别事物出现在固定关联中。首先一切都追溯到创造者那里，并从那里追溯到更多先驱。这样我们最终从最现代的机器回到史前的工具和作品。它们都只是在一个巨大的、同一棵大树上的分支。

在这里，我们想起每个个别何用之物，如同它出现的那样，都是出现在它的视域中。我们或许可以尝试将何用之物的当下形象与它的总体存在（Gesamtdasein，过去与未来也属于这个总体存在）相分离，或者从它那里揭下。但这样一种分离是不可能的，因为个别何用之物只出现或只能出现在这个关联中。我们也可以替换关联，说：会在它的年龄中出现。但这并不完整，因为未来的年龄也属于这个关联中。现在我们或许会问，汽车刚刚组装好的时候是否已经具有年龄。现在，汽车未来的命运、未来的年龄已经共同被给予了。它的过去延伸进作为形成何用之物的零部件的过去中。所以当人们提问对于个别汽车、个别何用之物而言属会是什么的时候，绝不可以使得当下的形象独立化，切断与过去和未来的联系，然后也许寻找对这个形象而言的属，或者尝试制作一个这样的属。

这样做的诱惑也许是显而易见的，特别是当我们例如追溯
到汽车在工厂里刚好被制造出来的那个瞬间，可以说处于可发
货销售系列中的时候，我们会很容易得到一个这样的独立化。
在这个瞬间里，汽车的一致性或许掩盖了在这里个体的过去和
将来持续地被共同给予，并以最不同的方面显示出来，在这里
已经先已决定了哪些汽车在短时间之后就要落入路沟里，哪些
汽车在正常行驶数千公里后才会送到汽车坟场。在汽车的全貌
中，完成的瞬间只是一个所有何用之物都要经过的显著通过点 60
（Durchgangspunkt）。

如果我们在借助这个思考的帮助下首先看到具体的个别汽车，那么系列就处在这个汽车的视域中，再进一步，也许某个特定工厂的所有汽车、一个国家所有工厂的汽车、最终所有国家的工厂的汽车及其种种关系和依赖关系一起出现在这个汽车的视域中。但我们从未遇到任何传统意义上汽车的属。如果我们回到这些关系，我们可以更清晰（尽管更加繁琐）地表达出人们关于属将要表达的所有一切。在一个巨大关联中出现的始终只有在数目上、数量上确定的或者可确定的种种个体。每个部分在这个关联中都有它的固定位置。我们能做的是从我们所进行的这个角度出发去应付所有部分。

或许我们还可以尝试通过汽车所具有的目的而去看到一个类似普遍对象的东西。但如果我们更加仔细地查看，那么在这里出现的也只是一个个别目的。制造者的目的可能是通过制造汽车赚钱。这个目的又嵌入到其他人的目的中，或许它本身就是目的。当他考虑到他的顾客的特殊目的时，他才能够实现他的目的或目标。在他着手进行制作之前，他至少要在视域中想到将个别买家的这些目的作为个别目的。例如，确定这些个别目的一个途径是他对可能成为顾客的人们进行民意调查，并根据结果来确定系列的数量。这种处事方法例如在预订那里是常见的。其他处事方式以估量为根据，但是估量始终是朝向个别的人，以此去确定汽车与哪些人的生活经历相匹配。即使在这里，出现在视域中的始终只有个体，没有普遍对象。

我们在这里所详细阐明的关于系列与属之间的关系的东西都适用于何用之物的整个领域。像在汽车那里的系列那样的类
61 似构造物，始终躲藏在传统意义上的属的背后。例如当我们谈论钟形杯时，它的制造瞬间和制造者就处在个别钟形杯的视域中。以此这个钟形杯的前身就进入了视野，在我们面前的钟形杯是对这个前身的仿制。在这过程中，所有进一步的前身都出现了，一直到我们或许找到最初的钟形杯，或过渡构造物——其他的容器——找到被视作钟形杯前身的其他容器。个别钟形杯的全体通过我们只是在此勾勒出来的这些关系而联结起来。没有一个钟形杯脱离这个序列。如果我们在传统意义上将钟形杯这个表达用作属表达（Gattungsausdruck），那么我们一定

不能忘记，我们在这里并没有以属的方式遇到一个普遍对象，而是遇到大量钟形杯或者钟形杯的全体，它们在历史中出现过一次而又消失，它们之间处于我们所勾勒的关系中，并且仅仅出于这个关联而属于一个统一，该统一应该被“钟形杯”这个表达、钟形杯的“属”所切中。我们可以对埃及金字塔、杯子、石斧以及最后对每个何用之物进行同样的思考。当我们尝试将何用之物本身把握为“属”时，同样的思考依然适用。只有当我们将个别何用之物选作出发点，以所有分支的方式探照何用之物处于其中的视域时，我们才能取得成功。即使在这里，我们也没遇到普遍对象，只是遇到大量何用之物及其处于其中的关系。在这件事情上，关于最初的何用之物，可以说关于何用之物祖先的问题出现了。唯一可能的回答会是，对最初的何用之物的寻找将消失在视域中的某处。[①]

现在，鉴于在哲学传统中关于普遍对象学说的重要性，我 62
们尝试将我们的研究延伸到其他领域，在那里出现了谈论普遍对象是怎么一回事的问题。在这过程中，我们不仅要确保我们在何用之物领域中所获得的结果。更确切地说，我们还将这个阐明用作我们在第二部分中进行种种思考的基础，并且已经在此对其进行详细探讨，因为我们对何用之物的思考已经将我们

① 关于我们在这里所提出的问题，可以在经典现象学非常出色的研究那里找到立场：让·海宁（Jean Hering）《对本质、本质性和观念的评论》（Bemerkungen über das Wesen, die Wesenheit und die Idee），载《哲学与现象学研究年刊》（*Jahrbuch für Philosophie und phänomenologische Forschung*）第4期，第2版，1930年。尤其是该篇文章的第九节。

引导向普遍对象。

我们首先把话题转向在生物领域，尤其是在动物领域中的普遍对象。

当狮子赫拉克勒斯（Herkules）出现时，无论我们是站在它的笼子前，还是在远离它的情况下（我们知道它）谈论它，情况与在何用之物那里的情况相似。狮子携带着它的故事。它是年老的或年轻的、驯服的或野生的、健康的或患病的，它还显示出与它的囚禁相关的种种确定性，它坐在铁栅栏后面。当我们看或者谈论它时，所有这一切以及还有更多东西都出现了。它不是作为彗星尾出现的，相反，我们可以说它是作为故事出现的，这个故事伴随着许多固定的确定性，伴随着一个消失在视域中的履历。在这个视域中出现了支点。通过它的年龄，它的出生进入视野，以此它与它父母的关系也进入视野。虽然与其母亲相连接的脐带被撕扯掉了，但连接本身仍然是两个生物之间最紧密的连接，就生物而言，没有任何相类似的连接能与之相提并论。这样的生物可以以多种方式相互关联，它们可以群居，相对来说，它们可以像男人和女人那样共同生活，但是它们也可以在儿女与母亲的这个关联中生活，如果我们可以借用人类的种种关系来作比喻。这个关系向后朝一个一望无际的系列延续。个别狮子以此加入狮子的种（Geschlecht）这个队列
63 中，并且在这个种当中找到它确定的、不可替换的位置。这完全不同于一个偶然的空间位置或时间位置。或许可以说，这是一个在秩序中的位置。

所以狮子的种以个别狮子赫拉克勒斯的方式出现了。我们可以想象一群狮子出现在我们面前，当中赫拉克勒斯以十字标记出来。但我们不能将这个幻象与在“狮子的种”里出现的东西混淆。这个出现的狮子的种与这些幻象之间的关系，并不比个别狮子的幻象与作为个别狮子而出现的东西之间的关系更紧密。即使我们设想个别狮子从它出生开始就有一个摄像机伴随着，然后我们能让这部拍摄电影在我们面前滚动，那么以此出现在我们面前的仍然不是完整的、不是在其所有视域中的狮子赫拉克勒斯。当我们在所有狮子的种上做这样的实验时，情况也是如此。

这个狮子的种以某种方式消失在视域中，但这个视域总是持续不断地被填满，或者能够被填满，甚至在视域中的遥远处出现与狮子赫拉克勒斯明显相区别的生物，而仍然属于赫拉克勒斯的祖先。以这个狮子的种的方式出现的只有狮子的种，它同样构成了一个个体，如同个别狮子赫拉克勒斯那样唯一的东西，当然也是一个规模巨大的个体。这不是一个个别个体，也不是一大群个体，这其实是狮子唯一出现的种，它显然曾经在某个地方、某个时间初次出现，也同样会灭绝。当它第一次出现时，它又只能出现在一个视域中。我们不打算在这里研究种的灭绝是否与个体的死亡相提并论。

就此，我们暂时确定了赫拉克勒斯与狮子的种之间的关系要继续往哪个方向研究。这关系到这样一个研究的最初开端。

如果狮子被不准确地表达为它的种当中的一个成员出现—— 64

这里或许以在波浪起伏中波浪阶段的图像更合适——那么以种的方式在我们面前的又只是一些个体的东西，对种而言的成员资格，对一个圈子的从属，没有东西能从外侵入这个圈子里，它们自诞生起就不从属于这个圈子——这也只是比喻的意思——也没有成员能脱离这个圈子。

我们现在可以问，我们所看到的个别狮子以及狮子的种，相比起生物学的构造物怎么样。如果人们问我们狮子到底是什么，那我们和生物学家一样无法对此给出答案。我们也许可以说，我们对狮子的理解就是人们一直以来的理解，例如全体狮子。在地球上的生物的发展史中，正如生物学家所从事的发展史研究中，首先只有狮子的身体出现在焦点中心，或许也只是这个身体的特定侧面。狮子是动物的王，或者它以这个权利出现，或者关于狮子王的谈论内容所涉及的东西（尽管是难以理解的），都不属于生物学家的视野。尽管他还非常仔细地研究狮子的心，他仍然几乎无法向我们说明英国国王如何获得狮心王的绰号。现在生物学家可以为自己辩解，即声明他不对我们的问题负责，并让我们求助于动物心理学家。我们不像科学那样撕开狮子，而是由此出发，即如同狮子跟我们相遇的那样构成一个统一，狮子向来都出现在一个视域中的统一中。事实上，我们对狮子的所有想法可能都是错的。但这并不是说狮子向来在视域中出现并且将持续在视域中出现失效了，而是说这只意味着在视域范围内种种位置变化的发生。在这里考虑的只有位置变化，在视域中关于移动的位置。只有当某人见到狮子

对他而言在视域中不再有位置，而对于我们而言，狮子出现在
视域中时，大家的交流就停止了。所以或许我们还能与相信灵
魂转世的人聊天，因为在我们看到狮子的视域中也许还留有灵 65
魂转世的位置。但我们再也无法与认为狮子是一台自动装置或
机器的人聊天。

当我们谈论起源时，我们也没有在我们的思考中使用生物学家所具有的具体概念，而是说我们只是将它理解为在视域中一直出现的东西，我们也可以说是每个原始民族对它的理解。

如果我们像个别狮子出现那样去思考狮子的种，那我们绝对无法找到人们对属理解成什么。

如果这个种是传统意义上的属，那么它就必定是一些普遍的东西；但我们在这里没有发现什么普遍的东西，而只有一些唯一的东西。当然人们通常是在狮子的种这个意义上使用狮子的属这个表达。但这涉及一个混淆，我们不可参与到其中的混淆。现在我们可以问，除了狮子的种是否还有狮子的属，或者狮子这个表达方式是否总是可以追溯到个别狮子及其与狮子的种之间的关系。如果我们打算朝着这个方向继续进行研究，那可以尝试询问我们在所有可能的关联中使用狮子这个表达时，是否可以用狮子的种和个别狮子来替代这个表达。例如当人们说狮子是一种食肉动物，它有许多牙齿、脚上有如此多的利爪时，我们就可以把这些命题转化成：属于狮子的种的所有一切都具有这些确定性。至于在这过程中意义是否完全相同，还需要进一步研究。这里提出的问题我们也能通过试图放弃可以说

将所有狮子连接在一起的脐带而更准确地发问。当我们在我们所描绘的关联中看到这个狮子的种时，我们现在会将狮子并列排成一排，就像人们偶然遇到它们一样，然后说这一切和与之
66 相似的东西都属于狮子的种。狮子的普遍对象以此出现了吗？如果我们曾设想有这样的东西，那么在这里，狮子的种借助现成的狮子以狮子的普遍对象的方式出现，它针对的是在数量上开放的、不确定的个别狮子，包括在数量上不封闭的个别狮子，并且必须与狮子的种明确区分开来，后者只包括在数量上确定的狮子，或以某种方式可确定数量的狮子，而这些狮子是具体的个体动物。即使我们相信不可能会出现什么符合狮子的属的这种表达，这里的语言使用方式也是不可靠的，但它诱使我们去寻找一个普遍对象。

伴随着何用之物，何用之物的出自物出现了，我们在传统意义上所理解的质料、铁、瓷、铜、木材出现了。问题是，在这里是否有地方可以指示出在传统上所理解的属的出现物。

在这里，事情似乎是这样的，即属以“金”的方式出现，或者以构造物命题的方式出现，如金闪闪发光、金只受硝酸腐蚀、铁生锈及所有类似构造的命题方式出现。于是对这个属而言的个体就是一块金。我们可以很容易地将作为个体的一块黄金与金币区分开来。一个金币是一个何用之物，具有何用之物的个性。它可以是破损的、流通外的、旧的、新的。我们所说的关于何用之物的一切都适用于金币以及它的属。

对于金块而言，乍眼一看，情况看起来是不同的。但在这

里我们必须谨慎。金条的确已经是一个何用之物，所以金块也仍然可以算作何用之物。例如，人们以某种方式获得金块，他可以是金块的所有者或者物主，所有这一切都表明着与何用之物或者与何用之物性的亲密关系。作为“某物（was）”的纯粹“出自物”或许还未出现在这里。这里的问题是，我们是否徒劳地试图使这个“某物”独立出现。如果“某物”始终只出现在何用之物的意义关联中，那么当我们尝试将它把握成一个 67
个体时，这或许是徒劳无功的。所以寻找一个包含所有个体的属也会是徒劳的。这样的徒劳或许可以通过这种情况表明，即在每个金块那里，如果我们尝试用上个体与属的标准，每一个部分都是金，那么实际上被把握为个体的金块必须由许多或者无限的个体的金组成，所以个体的金块必须由很多的或者无数的个体金块组成，由人们或许再也无法能够使之出现的个体组成。这类尝试是以旧原子学说为基础，它们在最新的学说中也仍然起作用。我们或许可以问，在不同时代中根据不同的思考水平情况或者不同的科技水平情况，以这种原子的方式出现什么，或者应该出现、将要出现什么。我们也许只能在专项研究中澄清这一切。原子是作为一个属的种种个体出现，还是说它们只是作为伴随着可比于视域中出现的不确定性、不独立性特征的种种个体而出现的构造物（尽管有充足的理由）。某物的意义和重点处于其视域中，处于其内在和外在视域中吗？它的邻居属于原子，就像祖先属于狮子那样吗？在这里谈论空间获得一个新的含义吗？在这里我们持续地接受何用之物的种种确定性和特征，而不用去考察这样做的权利问题吗？在这里谈论传统意义上的属和个体到底还有位置吗，或者说它只是混淆本来就已经足够不确定、不清楚的事况？

我们还在许多领域谈论属和个体。例如三角形的属与三角形的个体相比会怎么样，一个确定的红色“面”与红的属或者颜色相比会怎么样？所有这一切都必须以正如我们对何用之物和生物所尝试的那样而得到详细解释。我们可以以三角形为
68 例，尝试通过每个个别三角形都能置入其中的排序，去澄清关于种和属的谈论。例如，当我们不断改变角或边的大小时，这个排序就会出现。于是这样的“实情”出现了，即随着这些三角形，所有可能的三角形的种种形式都被穷尽了，并且所有另外的三角形都只会通过其大小或者面积而与这里出现的三角形区分开来。但是在这里，个体与属之间是否存在关系，是成问题的。也许我们只能做到这种排列可能性，或者更好地说，让这样的排列本身出现。这种关系将再次使我们回想起狮子与狮子的种之间的关系，但几乎无法表明传统意义上个体与属的谈论是正确的。

第九章 69

普遍命题

当我们在寻找普遍对象而找不到任何可能与之相应的构造物时，我们也将找不到与所谓的普遍命题相应的东西。但系统科学由这些普遍命题组成，就像种种自然科学和几何学或者数学，甚至法学也至少给人留下从事普遍命题的印象。其他科学看起来又以这些科学为榜样。无论如何，它们的目标都是得出普遍命题，并以此获得精确科学的地位。

如果我们的出发点是正确的，那么有必要再次检查精确科学的普遍命题是怎么一回事。

我们对普遍对象的抨击从两个方向进行。我们不仅抨击“对象”这个表达，而且抨击“普遍的”这个表达。我们在迄今为止所研究的领域内抨击对象这个表达，在何用之物的领域内，并且类似地在动物的领域内，而对象这个表达不再切中在其故事、在其意义关联中出现的构造物，实际上对象只切中质料性东西本身，如同我们所尝试说明的那样，质料性东西本身又只是一个何用之物的衍生物，一个像动物般的衍生物。或许我们也可以这么表达：人们能够像切割一个狮子那样朝四面八方切碎一个杯子，却没有遇到使这个“对象”成为一个杯子、一头狮子的东西。只有当我们把目光转移到种种意义关联、故事性和精神性的东西时——所有这一切都紧密相连——我们才接触到杯子、狮子，并且只有在这个目光转向中才出现杯子的系列、狮子的种，以此我们遇到了人们打算以普遍对象来把握
70 的东西，但它也以此迅速失去它作为普遍对象的特征，并将自身转变为在视域中的出现物，如同我们已经详细提出的那样。所以当我们将对象转变为这个何用之物或动物的特殊构造物时，我们同时发现了那些错误地用作谈论普遍对象的基础的东西，或者那些被用作这种谈论的东西。

因此，这种观察方式也适用于所有何用之物和动物的衍生物。所以我们或许只能在何用之物出现的基础上有意义地谈论附着颜色和欧几里得意义上的空间。即使是“颜色总是与延伸相连”这么简单的命题，其实都闪现出许多含义。它在不同意义上适用于附着颜色和何用之物的表面，在不同意义上适用于透明或者透视的颜色，在不同意义上适用于黑夜、黑暗的色彩。甚至“延伸”在这些关系中也处处具有不同意义，切中不同构造物。在这里，我们不打算研究这些种类的延伸是否以及在多大程度上彼此关联着。但当我们例如从附着颜色与何用之物的关系出发，那么很明显这种关系只局限在何用之物中。在这里，我们除了何用之物的封闭环所允许的程度外，无法找到其他程度的普遍性。

当我们谈论狮子的器官，谈论狮子的心脏、肺、肝，情况可能是相同的。这始终关系到构造物狮子的衍生物，关系到狮子的种的衍生物。就像在本身作为故事性构造物的狮子本身那里那样，我们在这里并没有切中普遍对象，同样地，谈论它的种种器官也不再有意义。对这些器官的谈论总是在巨大关联中才获得意义，至于我们是否随时都能把握住这个关联，则是无关紧要的。这种关联总是在视域中就有所准备了。心脏无法与狮子、与整个构造物狮子分离、隔离，如同我们无法将何用之物从其被创造的关联中取出来那样。所有关于狮子心脏的普遍 71
命题所具有的，并不同于所有关于狮子本身的普遍命题，后者始终只能与狮子的种相关。现在，谁理解了作为总体构造物的狮子，谁也就以某种方式理解了它的器官，而这些器官以某种方式适应了这个关联。

几何学的普遍命题也与何用之物密切相连。它们只有在刚性何用之物的基础上才有意义，而且像“何用之物”一样不是普遍的。

最后，这一切也必定适用于对质料性东西所陈述的一切，如果质料性东西只是何用之物的衍生物。即使是原子及其细化，也是在构造物何用之物的关联中才获得意义和位置。

剩下的问题是，我们是否还能更深入地为何用之物本身奠基，更深入地为动物性东西奠基，例如作为以狮子方式出现的构造物，或许我们也能说，我们是否还能更加接近它，是否还能将它归入一个更大的整体中。我们将在关于构造物历史和故事的第二部分中尝试这么做。但是在我们转入第二部分之前，我们还得看一看人们对感知行为和同源行为理解为什么，外在世界的构造物应出现在这些行为中，这些行为几乎可以说进一步确定了心灵参与到出现当中。

第十章 72

论所谓的感知及其变异——感性质性——图像表象——所谓的感知变异

感知到底是什么，感知本身是什么，如果真有这样的东西，我们可以从不同途径来接近它。

我们可以从被感知的对象出发。我们将我们的研究限制在外感知上。外在世界的整体可以考虑为外感知的对象，或许也只是这个外在世界的要素。我们迄今为止已经避开“感知”这个表达，而是说“出现”，并且尝试指出外在世界是如何出现的。在这过程中，我们已经遇到作为外在世界核心的何用之物，并且起初只是略微提及了周围的人、动物和植物，以及它们是如何可能出现的。如果人们将我们分派给何用之物的位置赋予它们，那么外在世界的重心就从空间-质料物转移到以何用之物方式出现的所有一切，转移到何用之物的种种确定性和特征，转移到何用之物的意义性，转移到故事性或故事般的东西，从而转移到进行创造的人。人总是出现在何用之物的视域中，但迄今为止我们只在这个遥远的位置上遇到他，我们在接下来的第二部分中才把他作为重点。

我们现在所尝试澄清的“感知”这个表达，并不是针对外在世界，尤其不是以何用之物为方向。我们无法通过理解为感知的东西而到达外在世界的出现、何用之物的出现。

我们也许已经尝试通过借鉴感官对感知进行分类，通过将感知分类成看、触、抓、听、尝味、嗅，而形成与关于感知的
73 内在内容更接近的东西。但我们并没有以这种尝试而接近感知会是什么。这种尝试的结果是将人们在外在世界中找到的种种质性——色彩、声音、气味，也许还有重量、硬度、刚性——从总体结构（Gesamtgefüge）中取出、独立化，使它们成为研究的对象。这样的研究也许是有益的，或者至少是无害的，只要我们铭记这只是整体的要素，同时这些要素随着独立化而被歪曲，如果我们不打算冒险去研究被完全歪曲的种种对象性或某物，如果我们要确定我们并没有随着这样的研究而忽视了外在世界，那我们至少必须将它们从它们在研究里所陷入的僵化中摆脱开来。如果我们将这些所谓的质性作为一些独立的东西来研究，那我们就会陷入与数学家或几何学家类似的危险中：他们研究数学图形或者数学构造物，而没有在它们与外在世界之间建立起原初关联。

我们当然可以问，关于感性质性的学说究竟是如何与感知学说发生关系的，对于我们在此相信看到的种种关联的出现而言的最终原因在哪里。我们认为，在这里我们必须要比迄今为止所做的更加谨慎地前进。例如我们会问，颜色或者彩色在什

么意义上是某物的特性（Eigenschaft）？当然这又已经预先提出了一个问题，是某物的特性又意味着什么。如果我说金是黄色的，或者硫是黄色的；另一方面，如果我说桌子是黄色的，那么在这里乍看起来是在相同意义上讨论种种特性。但问题是，这种印象是否经得起检验。在头两个句子那里，我似乎针对的是质料性的东西，处在硫和黄色的、金和黄色的之间的关联中；在第三个句子那里，看起来特性归何用之物所有，所以杯子是在另一种意义上是黄色的，不同于金是黄色的那样，或者说这其实意味着杯子最外层的质料外壳？我们或许可以将这种区别表达为金始终是完完全全黄色的，而杯子只有最外层的质 74
料外壳是黄色的，当然这个外壳又是完完全全黄色的。我们还可以继续提问，一个例如像玻璃这样的质料是透明的，和例如硫这样的其他质料是黄色的在相同的意义上吗；或者红色玻璃是红色的，或者像红酒这样的红色液体是红色的，和硫是黄色的在相同的意义上吗；或者红色墨水是红色的，和红酒是红色的在相同的意义上吗；或者牛奶是白色的，和瓷器或粉笔是白色的在相同的意义上吗；或者云是白色的，和粉笔是白色的在相同的意义上吗？谁满怀热情地沉浸在这些可以无限延伸的问题中，谁就在这里处处遇到困难或关系——它们肯定无法像算数题那样得到解决；但另一方面，它们也不是从一开始就避开任何进一步解释，当我们打算谈论颜色和彩色的时候，它们肯定要首先得到解决，或者就我而言，它们也有充分的理由必须被消除。我们在声音领域也能列举类似例子。作为质料的金显然具有不同于银的声响，不同于铁片的声响。一个有裂缝的杯子发出的声音不同于没有裂缝的相同杯子。这种质料发出来的声音与质料的色彩有关系吗？糖吃起来是甜的，我们也说糖是甜的。当我们将甜和白色都称作糖的特性的时候，这种甜和糖的白色之间有什么关系？进一步地，我们同样将质料的重量或者弹性称作特性，它们与色彩、发出来的声音、甜的特性之间的关系是什么？我们有充分的理由在所有这些关联中去谈论种种特性吗，最终特性这个词到底表达了什么？

我们听到蚊子攻击我们，我们听到某人在敲门，我们听到一辆马车在崎岖不平的路上行驶着，我们听到一辆汽车飞驰在街上。我们看到人，我们看到房屋、树。现在谁回答我们说，其实我们听到的只是声音，或者其实我们看到的只是颜色，那么他看起来就要完全屈服于我们所谈到的危险。与之相对，我
75 们认为我们从未孤立化地听到声音或者看到颜色，而只是始终作为在所有关联中出现的世界的要素，我们努力澄清这些关联。我们也不敢说声音或颜色展现或表达了那些随着它们而出现的东西。我们不可能将行驶着的汽车的嘈杂声与行驶着的汽车区分开，或者将房子的颜色与房子区分开。对这些现象的任何研究都必须从现象的统一开始，并且警惕对所出现东西的机械拆卸。我们其实只看到颜色、其实只听到声音的说法是建立在一些受过训练的基础之上，建立在关于光波和声波的或许仍是误解的学说之上。

面对这些将颜色和声音独立化的尝试，我们有同样的理由

说我们听到的不是声音，而是听到马车或汽车；我们看到的其实不是彩色面，而是看到房子和树。

在其他层面我们又会说，我们并没有听到声音，而是听到人的嗓音，或者狗的吠，或者马的嘶叫，在这里出现的东西并不能分离成一方面是声音，另一方面是其他出现的东西。同样，在一支乐曲那里，我们会说人们无法将声音从在这里所出现的整体那里抽取、独立出来；在这些层面和其他层面中出现的东西，会带有不确定性、不清楚性、模糊性的特性出现，所以一些像颜色或者声音的东西更加无法从出现的东西那里独立出来。颜色或者声音始终处在一个有着无限向外和向内的视域整体中，它们无法从这个整体中抽取出来。

我们无法通过所谓的感性质性来弄清楚感知是什么。如果我们为了颜色的出现而保留像“看”这样的表达，或者为了声音和噪声的出现而保留像“听”这样的表达，那我们认为并没有“看”或“听”，因为单独自为的颜色、声音或者噪声在哪里都找不到。第一步错了，就会产生所有进一步的错误。如果我们不能很好地否认，颜色至少以某种变异的方式出现在一 76
个可指示的虚空背后，声音是在一个距离和方向中出现的，那我们就必须为了这个距离和方向的出现而寻找一个新的理论。如果我们不能很好地否认，像汽车和其他东西随着噪声一起出现，那我们就必须为此再想出一个新的理论，如果何用之物的过去、它的年龄和所有何用之物的特征（这一切根本无法与何用之物相分离），随着对象、何用之物的方式而在视域中闪烁，那为了使关于我们其实只看到颜色、只听到声音的理论行得通，这一切也必须以某种方式被掩饰或者被歪曲。我们无法通过感性质性的学说来搞清楚感知是什么。

我们认为，如果我们要研究所谓的感性质性在整体的出现中起到什么作用，或者用其他传统术语来说，感性质性对于感知而言意味着什么，那么对出现物整体的研究必须先于对感性质性的一切关注。我们不得不对此表示怀疑，人们将感知理解成什么到底是不是一个研究领域，通过它是否能够发现什么，然后才能够越发不给所谓的种种感性质性留下传统位置。它们对于我们而言只是构成在世界的出现中的要素，就像其他要素那样。

我们也尝试从图像表象出发，从被画的或者被描绘的图像出发，并将这个图像表象与人们称作对对象的感知或者对世界片段（Weltausschnitt）本身的感知关联起来，与我们迄今为止一直谨慎地称作世界的出现或者在世界中某物的出现关联起来，来搞清楚感知到底是什么。这个世界的双重出现，一次看来是作为世界本身，另一次是作为在图像中的世界，这种想法本身就能轻易说明世界的出现到底是如何发生的，以及我们除了出现本身或许还能发现什么。

77 例如我们可以尝试谨慎地将图像般的东西（我们或许也可以称作显现）从关联中分离出来，并就其自身而言观察它。

此外我们可以进一步希望，我们不仅能就其自身而言观察图像般的东西（例如在一个油画那里的颜色斑点），还能在

它的“任务”中观察真正的图像，也就是说在图像中的对象，
例如去建立房子、树木，也即是我们可以以此同时深刻洞察对
对象的构造、在世界中事物的构造。我们对实际情况的看法并
不一样。我们看图像对象，看到房子、树木、风景、动物，就
像这些对象如往常一样出现在我们面前。在这里，我们还可以
尝试将与对事物的简单感知相比的区别排在首要位置。但在我
们可能仔细研究这些区别之前，我们必须首先搞清楚在这两个
关联中有什么是相同的。我们关于何用之物的出现所确定了的
一切在这里再次与我们相遇。我们可以逐点重复所有我们关于
何用之物的出现所说的。我们只限于强调几点。被画的房子以
构成了何用之物本真的所有特性与我们相遇。它或旧或新，它
是摇摇欲坠的，是一个小屋或者宫殿，它是倾斜的，它以其故
事和故事视域的方式与我们相遇。它或大或小、或清楚或不清
楚，在亮光中、在迷雾中、在黄昏中或者在人造灯光中与我们
相遇。但它尤其是在虚空中与我们相遇，在同时将它与其他事
物联系起来的虚空中，在处于房子前面的虚空中，我们也能尝
试将这个虚空把握为与我们的距离。我们也可以尝试把握那些
特殊现象，就像图像在它的尽头，在它的四条边转入画框、转
入白色边缘中那样（如果图像有边缘）。在这里我们会有一种
仿佛透过窗户、透过窗玻璃看房子的印象。于是窗户的边框在
某种程度上将房子装在框中，现实的房子就像画框将房子装在 78
图像中那样。这样的装裱在这两个情况下都不意味着框架给现
实的房子，或者被画的房子，以及在框架内另外出现的东西划

定界限。相反，框架只是遮盖了安放在视域中现实的、被画的对象的侧面延续。图像风景同样在框架“后面”朝所有方向延伸下去，就像在窗框后面的现实风景那样。在被画房子前面的虚空，就像在现实房子前面的虚空那样向前推进到我们，我们也透过窗户看到这个房子。这个现象——两种虚空的比较——我们早就思考了，并且我们今天还无法明确说明这个现象。或许我们可以把这里出现的问题把握为：从被画房子一直延伸到我们面前的虚空，与从框子延伸到我们面前的虚空，是同一个虚空吗？如果我们对通过窗户看到的房子提出同样的问题，那我们会毫不犹豫地回答：在现实房子前的虚空与在窗框前面向着我们的虚空是同一个虚空。

按照传统的说法人们会问，在图像表象或者图像展示那里，图像空间是否与现实空间一致。毫无疑问，在这样一种特殊情况下，当我们看到图像的被展示之物作为现实性的错觉而出现时，例如当我们透过一排房间看向一个被画的人，而他作为现实的人出现时，这样一种完全一致就会出现。那么现象的实际情况和我们透过窗户看现实的房子是一样的。在这里与我们相遇的人是在同一个空间、同一个虚空中与我们相遇，房间和房间房门在同一个空间中与我们相遇。当我们靠近时，我们发现了错误。问题是当错误暴露时，现在发生了什么。我们是否可以这样提问：是在现象的组成部分中发生了变化，还是说只在现象的组成部分之外发生了变化，还是说问题的提出已经歪曲了？我们还没有得出确切答案。或许我们可以说，我们和

像这样被把握的图像对象之间裂开了一道深渊，当图像对象作 79
为图像对象出现时，在我们与图像之间的虚空就会以某种方式被中断。

这里出现的这些问题现在可能或多或少地难以解决。与此相比，我们可以肯定回答在同样关联中出现的另一个问题。

画画的画家实际上只是将颜色斑点、颜色线条放在一起。作为色彩现象的这些颜色斑点在被画的对象那里以某种方式被重新发现。这样房子的红色、羊的白色、树叶的绿色在颜色斑点中被重新找到。我们甚至可以肯定地指出，来自调色板上的个别颜色如何在附着颜色中、在阴影中、在被展示的世界片段的其他颜色现象中被重新找到。我们现在肯定可以像在幕布后探究那样，探究被画的世界片段是如何在颜色斑点上建立起来的。我们认为，朝这个方向的所有努力（我们在这方面所做的努力已经足够远了）都是无意义、徒劳的。这或许是可能的——当然这不是在所有情况下都是可能的——在某种程度上可以说将我们对以图像方式被展示的世界片段的直观限制在一个我们只看到颜色斑点的位置上，就像它们随意挨着安放在画家的调色板上那样。但我们看到的并不是一个过渡到图画的早期阶段图像，而是我们或多或少确实看到另一个东西，例如用颜料乱涂乱画的画布，或者被刷上油漆的木头，一个与现实中其他事物具有相同构造的东西，一个本身也能再次被画出来的东西，一个像其他事物那样也出现在虚空中的东西。所以情况大概就像一个画家用其中一只手上的调色板作自画像，同时也在一起画着调色板。

我们在这里谈论的是我们尝试将图像还原到颜色斑点的情况。更常见的情况往往相反，我们站在一幅画前并首先只面对着颜色斑点，这些颜色斑点似乎逐渐转变为一个图像。
80 但即使在这种情况下，我们也不是一个转变的见证人。更确切地说，我们是现象、构造物相继出现的见证人。在这里，带斑点画布这样的构造物几乎就是被画的风景，后者在进一步的过程中与我们相遇。作为带斑点画布的画布同样伴随着故事与我们相遇，画布或旧或新、或粗糙或精细。颜色斑点可能会开裂、可能有裂纹、可能脱落，就好像被画的房子、树木那样具有它自己的视域。

当我们在这里说斑点的画布如同被画的房子那样承载着故事与我们相遇时，我们并不是说我们首先将带斑点的画布看作在客观时间中持存的对象，而是说我们同样将带斑点的画布看作种种何用之物之中的何用之物、处在何用之物的视域和关联之中的何用之物。何用之物完全只能在其故事中出现。何用之物“带有斑点的画布”的“出自物”作为何用之物的要素出现，作为何用之物的特征而“共同”出现。这些情况的特点在于，作为覆盖满了由油画颜料而来的斑点，带有斑点的画布本身被认为是不可理解的何用之物。它只有通过它与油画的关系以及转变成一个油画的可能性，才获得它的何用之物的意义。如果我们设想这个可能性并不存在，那么带斑点的画布就挪入一个完全不同的何用之物系列中。例如我们可以说：可惜了漂亮的画布和漂亮的颜色。这或许关系到遭故意破坏或者意外损坏的何用之物，它在何用之物的系列中才获得它的意义，或者在这种情况中无意义（Un-Sinn）。

我们现在还可以尝试通过转向所谓的感知变异，来搞清楚感知到底是什么。我们通常将这样的变异称作错觉，而错觉、幻觉以及在催眠状态中、梦中、回忆中或者想象中的表象可能与图像表象相类似。如果在这里关系到我们所寻找的、感知的 81
真正变异，那我们有理由希望，我们通过对这个构造物，或者不管我们想把这里出现的东西称作什么的研究搞清楚感知，这些构造物相互澄清或解释。但先决问题当然是，我们到底将变异理解成什么。

现在如果我们首先转向梦，那对梦而言独特之处在于对象首先不在梦中出现，或者说对象并不首先以梦的方式被表象。相反，梦的重点看起来在于我们做着故事的梦。通常只有故事的片段出现，而它们又被其他片段、其他故事所替换。但它们往往也是完整的故事。这可能关系到我们只是旁观者的故事，这也可能关系到我们本身参与到其中的故事。例如我们回想起约瑟为法老解梦。像七头瘦弱母牛和七头肥壮母牛的表象也属于这些故事。但在我看来，梦的重点在于故事。看起来语言也表明了这一点，我们会很自然地说我们梦到了故事，但我们几乎不会说我们梦到了对象或表象。对象出现在梦中，或者如果我们愿意，对象的表象也出现在梦中，但也只是出现在故事中或故事的片段中。所以如果我们要更进一步研究梦，并且将它与在清醒状态中出现的东西联系起来，那只有当我们首先搞清楚故事这个特殊构造物到底是什么，才是可能的。我们似乎无法将七头肥壮母牛从梦中取出，将这七头肥壮母牛与所谓现实的七头肥壮母牛相比较，并希望从梦的表象（Traumvorstellung）与现实的表象之间的对比中澄清与梦的表象相对的感知是什么东西。也许情况恰好相反，我们不得不
82 承认每个梦的表象以某种方式嵌入到故事中并依赖于故事，承认我们能够比较容易地追寻梦中的这个关联，承认这类似于在清醒状态里的构造物那里所出现的情况，承认在清醒中的所谓感知始终嵌入到故事中，所以关于感知到底是什么的问题就转变为关于故事到底是什么的问题。紧接着，问题出现了，被梦到的故事和现实的故事之间有什么联系。但这个问题不能与另一个问题相混淆，即被梦到的对象和现实的对象之间有什么联系。第二个问题可能毫无意义，而第一个问题会具有深刻意义。例如被梦到的故事会在清醒中延续，在为被梦到的故事只是一个梦的喜悦中延续，或者视情况而定，在为故事可惜只是被梦到的悲哀中延续。

我们尝试在下一部分中深入研究所有这些问题。

我们可以对幻觉进行类似的思考，就像对梦的思考那样。幻觉的重点看起来也在于在幻觉中的故事。

就像语言的使用所表明的那样，记忆的重点或许也在于我们回想起的故事，在于我们所沉浸在其中的故事。我们只有首先搞清楚故事到底是什么，才能在所有这些问题上取得进展。

第二部分

纠缠在故事之中

第一章 85

故事与对象——探究故事并不是对象研究——作为他人故事、本己故事、我们故事的故事[1]

我们并没有发明“故事（Geschichte）”这个表达及其所包含的东西，而是说我们遇见故事这个构造物，如同我们遇见如人类、动物、植物、房子等其他构造物一样。故事这个构造物可能不比这些构造物更清楚，也可能比它们更清楚。我们无成见地谈论所有一切，但只要我们被问到这到底是什么，一个人是什么，一个动物是什么，一个故事是什么，虽然我们已经准备好了许多答案，却没有一个回答能命中靶心。例如我们尝试通过定义和描述的方式去接近构造物，而在这个过程中或许感受到我们只是因此在远离它。

第一眼看上去，故事可能是我们在这里仅仅作为例子所列举出的构造物中最虚无缥缈、最难以研究、最难以把握的。也许我们首先要知道一个人是什么，一个动物是什么，一个房子是什么

① 此处对应原文为：他人故事（Fremdgeschichte）、本己故事（Eigengeschichte）、我们故事（Wirgeschichte）。——译注者

以及还有许多其他东西，一个故事一般（Geschichte überhaupt）才能出现在视域里，因此故事在某种程度上可以说是一个更高种类的构造物，它建立在其他构造物之上，或者将它们相互联系起来。通过我们的研究，我们获得了相反的结论，即故事恰恰是基本的东西，人类、动物和房子从故事中才显露出来。

当我们将故事称作构造物而不是对象时，我们希望从一开始就表明我们不是针对一个在传统意义上的对象研究。关于在任何领域上是否都有一个像对象研究的问题，我们在此暂且搁置一旁。无论如何，故事都不能作为对象被研究，因为只有当我纠缠在故事之中时，故事才是某种东西。这种纠缠存在无法
86 从故事中分离出来，不能其中一方面剩下故事，另一方面剩下我的纠缠存在，或者说不能让故事一般是某些没有纠缠者的东西，而纠缠者是某些没有故事的东西。在一个故事之中的这个纠缠存在也并不建立在对故事的认识上，我们也无法在故事那里分清对故事的认识以及在故事之中的纠缠存在，二者是同时发生的。我们如同我们认识故事那样纠缠在故事之中，我们如同我们纠缠在故事之中那样认识故事。当我们在这里大体谈论对故事的认识时，我们已经对传统做出让步，而这种妥协会很容易导致种种误解。当我们在这里谈论与纠缠相关的认识时，那我们无论如何只想修建一座初步理解纠缠的桥梁，而这座桥必须在之后被拆除。没有人会否认我们在故事中的持续纠缠存在。

但我们可以问，其他人的故事，或许还有我自己的故事，

就其已经完结了而言，就其属于过去而言，是否或者是否可以成为研究对象。我们当然会承认一个纠缠者也属于所有这些故事当中，同时这些故事的真正存在也在于它们只是从前在某个人身上所发生过的，并且只能以某种方式随着这种发生存在而出现，至于它是关系到一个所谓真实还是虚构的故事，关系到一个寓言或童话，则是无关紧要的。经历过故事的人绝对属于故事。另一方面看起来同样清楚的是，只是听说或者了解故事而正好没有经历它的人并没有纠缠在故事之中，所以他或许只是与这个故事有一种认识关系，对于他而言故事成了客体、对象。

我们当然可以继续追问，我和其他人的区别建立在什么基础上。比方说如果两人都属于一个全面的我们（Wir），那我也还能同时纠缠在其他人的故事之中，正如纠缠存在本身会被误解为关于本己故事的认识那样，共同纠缠存在（Mitverstricktsein）
又会被误解为关于他人故事的认识。无论是本己故事抑或他人故 87
事，都不会成为客体、对象，这样一个命题又再次得以保持下来。于是在这里成问题的是，我们是否可以将接下来的称作传统意义上的研究，还是说这是一个对话，一个在我、自我纠缠者与其他纠缠者、共同纠缠者（他们都统一在一个我们当中）之间的对话。

所以我们没有权利去要求我们的研究是一个系统研究。它并没有像科学那样披着概念系统的装甲出现。它也并不像其他哲学研究那样为严格的系统科学，例如为数学和自然科学提供坚实的基础。更确切地说，它容忍着它不去为这些科学打地基，而是破坏它们。这些科学及其方法对它而言都不是典范，相反，它们必须嵌入到故事之中，并且对将它们安放在这里的位置、地方感到满意。

我们从他人故事的构造物开始我们的研究，然后转向我们最本己的故事，并以我们故事结束。但这并不保证对这一研究顺序的严格分离。这种区分只是意味着那些我们所讨论的前景首先是他人故事，然后是最本己的故事，最后是我们故事，在这里，我们并不会忽视这关系到一个不可分割的统一，而我们只是在这些方面研究它。

第二章 88

被叙述的他人故事，它的种种维度和视域——我们在被叙述故事中的参与

被叙述的故事并非无中生有。我们既可以说它有一个开端，也同样可以说它没有开端；相应地，我们既可以说它有一个结尾，也可以说它没有结尾。

首先就涉及开端而言，每个故事都有一个前故事（Vorgeschichte），它以开头几个句子的方式出现，然后向后消失在黑暗中。我们或许可以尝试将前故事拉入光亮当中，但同样的场景又会重现。即使是前故事也有它的前故事。一个伴随着绝对开端的故事或者某个故事的绝对开端是不可能出现的。例如我们可以反驳《圣经》中的创世故事是一个以绝对开端开始的故事。如果我们以此指的是最初人类的诞生，那么这个创立至少已经包含在创世的关联中。它可能已经是一个像前故事那样的东西。但如果我们想到世界由上帝创造，那么这看起来是一个无中生有的创世。但这个故事又向后回到了上帝的故事上，并消失在黑暗之中。然而除此之外，在这里存在着最初的天才尝

试，将我们作为出发点的两个命题，即每个故事都有一个开端以及没有开端，以某种方式使得它们在视域中协调一致、统一这些矛盾。

如果我们求助于世俗的故事，求助于它的前故事，那我们还能深化关于前故事的谈论。故事的各个支线会在故事中朝后被照亮。就此而言，我们可以质疑它们是前故事，还是属于故事之中。这或许只是叙述者的一个技巧，他在某种程度上可以说从故事的中间开始，并且在合适的时机将与故事相关联的前
89 故事一同纳入进来。所以在《一千零一夜》关于渔夫和魔鬼的童话中，如果叙述者遵从时间顺序，或许就得从魔鬼与所罗门王之间的纠纷开始，而这发生在故事真正开始的1800年前。如果我们尝试以这种方式修改故事，那我们会同时看到它将如何失去张力。但即使如此，童话也没有一个真正开端，因为这场争执也有它的前故事。为了理解渔夫和魔鬼的故事，人们本质上的确只需要这条主线，即所罗门将魔鬼装进瓶子里，以及在被囚禁期间魔鬼的誓言。

同样，渔夫的前故事也一同属于童话，就像作为第二条线索那样，从故事的开端延伸进过去。

但故事与一个巨大整体之间的关联并没有以这个前故事的方式被详尽阐明、穷尽。故事和前故事都有一个背景，它消失在半明半暗的朦胧之中。我们可以将这个与背景的关系相比于人们在一个图像或者一幅油画那里称作背景的东西。油画中的背景和故事的背景之间很可能存在着一种内在亲缘关系。但至

少第一眼看来，在故事那里的情况要更加错综复杂，因为它涉及一个分裂成许多维度的背景。以《小红帽》童话为例，小红帽本人可能是10岁，母亲是40岁，祖母是70岁。这些人物以这样的岁数出现，而这个年龄不是空洞的表象。它仍然以某种方式被充实，并共同承载着故事。小孩和老妪的孤立无援都属于故事。如果小红帽是20岁或者祖母正当壮年，故事就不会这样进行。我们现在或许可以继续追问，年轻和年老到底意味着什么，它在多大程度上承载着故事。年轻或者年老又应该指示着故事吗？

所以在《小红帽》故事中的所有表达那里，在生日、装着 90
酒和蛋糕的篮子、森林里的小屋、森林、猎人的表达那里，我们总是可以继续追问以此出现了什么，这个出现的东西在多大程度上属于真正的故事。例如我们想象一个不认识我们意义上的生日的民族，那么为了让它仍然能被理解，故事不得不相应地以不同方式被表达。

如果完整的小红帽以《小红帽》的方式出现，以一个仿佛缩短了的生平的方式出现，并且如果在其他人那里情况都是如此，那么故事以此延伸进这些人生命中的种种维度。我们或许会说它立足于此或者固定在其中。为了能够进入到故事当中，这些人才不得不变得这么老。他们过去的经历是不确定的，并且对于故事而言也会是不确定的，但伴随着年龄已经给予了一个确定性，例如随着血缘关系第二个确定性被给予。所以在童话中出现的森林也指示了一个时间上的遥远距离，这也是属于森林的特点。

所以到最后，作为何用之物的酒和蛋糕也具有它们的时间维度。

所有这些只是被暗示的一切都属于故事，它们消失在视域中，或许伴随着一些可以在视域中追寻到的确定性，并有助于再次承载视域，就好像小红帽的青春朝气以及她的红色帽子的故事，就好像已经靠近坟墓的祖母的衰老。森林中的道路作为古老小路和森林中的花朵——这是春天或者夏天——都属于此。

如果在故事中的所有这一切都如我们在这里所暗示的方式实行，那么故事就不再是故事。但如果所有这一切不是以暗示的方式在背景或视域中共同现存的，那它也不会是故事。准确划分重点的难度，即所有这一切在多大程度上以及以什么方式属于故事，与把握视域一般（Horizont überhaupt）的难度同样大；但在另一方面，视域看起来又是最可靠的，并承载着前
91 景。我们还可以这样表达，故事并不是被置入虚无之中，并不是从虚无中浮现出，而是以数以千计条根植根在世界之中，即植根于与故事一起被直接共同给予的故事世界之中。

这是内在观察的结果。我们几乎可以说只是围绕一点东西照亮了视域，而没有改变视域中的任何东西。如果每个故事都随身携带这样的视域，那么这样一个问题就是合理的，即所有故事的最外部视域是同一个视域吗，是否所有故事都从这个最外部视域那里出现，所以谈论两个故事没有共同具有这个作

为视域的最外部背景——尽管越过许多中间环节——是没有意义的。

我们在这里谈论内在的阐明，并且打算将这个阐明与这样的尝试区分开，即借助年表在一定程度上对故事进行空间、时间上的编排分类，或者将其置入一个所谓的现实世界中，或者如果这一切不可能，那么就将故事逐出现实世界，并宣布童话在现实世界中没有位置。现实世界与童话世界，与所有与之相关联的一切之间的这个区分，在我们这里所追寻的关联中依然没有位置。

我们现在离开前景与背景的关联，尝试更进一步澄清前景是什么。或许属于任何故事的实际运动都在前景中进行，而背景的特征就是静止和持续，然而所有的一切都能从它那里突然出现。

在前景中的运动并不是直线性进行的，也不是逐步进行的，不是从一个瞬间到一个瞬间。它也不是沿着单一的轨道进行，也不是朝向一个固定目标，而是从一开始就是故事，是活生生的故事，就像我们听到它那样，总是远远在先。一把弓从一开始就拉紧的时候，它就已经具有一个朝向终点的方向。但是这把弓并没有执行完成。它所指向的方向被放弃、撤销了，而新的弓出现了。如果我们以这种方式观察《小红帽》故事， 92
那么这个故事首先作为田园诗开始，并已经根据最初开头的几个句子而在未来视域中作为某种田园诗呈现在我们面前，即小红帽执行母亲的委托，在祖母那里休息，跟她一起庆祝生日并在晚上疲惫地回家。狼突然闯进这个田园诗中。现在我们知道：故事不可能再以一种没有危险的方式进行。在视域中呈现出祖母将成为狼的受害者，除此之外或许还有小红帽。田园诗的视域现在已经被打破了，不再有关于生日庆祝的谈论。到目前为止，小红帽篮子里的蛋糕和酒都处在焦点中心，现在变得微不足道、不合时宜。在视域中出现了悲剧，它以双重谋杀的方式结束，并且在故事中的这个视域几乎刚好以狼的出现得到充实。所有一切都在绝望中结束。然后新的骤变到来，故事还是出乎意料地获得圆满结局。当然故事对我们隐瞒了后故事（Nachgeschichte）。这个故事在小红帽的一生中永远不会消失，它将作为过去了的故事在她生命中继续推动一个独特的此在。她在清醒和梦中都不会离开故事。

当这一切在前景中以这种方式进行时，我们几乎看不到在背景中有任何变化。以背景的方式被暗示的世界仍然继续运行，并且还将继续运行。当所有一切都已经过去了的时候，母亲才获悉故事。

当我们以这种方式追寻故事时，我们也认识到将故事本身与我们对故事的参与区分开来是困难的。或许故事并不是一个在我们面前上演的不变构造物，一个我们感知和认识的构造物，或者在我们面前出现的构造物，而是说对我们在听故事时候的参与、对我们在故事那里的预备存在（Vorbereitetsein）的解释，和对故事本身的解释同样困难。如果我们已经以这种方式努力前进到故事的前景，并且揭示出在故事内的所有关系，

那么或许还缺少的主要部分是故事如何进入到我们当中，或者 93
我们如何进入到故事当中。

94 # 第三章

一睹我们的方法——不是一个本质研究

现在我们已经初步尝试了解构造物被叙述的故事。这时人们会问我们，我们实际上是否只是进行一个故事的概念分析或本质分析。当我们确定每个故事都有一个前故事，它在背景中发生并且以一种特殊的方式发展，在开始的时候一个完整故事的草图就已经出现了，尽管是另一个不同故事，那我们看起来仍将以此声称，每个故事的本质都在于具有作为本质特征的如此特征。实际上没有什么要比这样一个开端离我们更远。我们不打算将个别故事从它出现在其中的关联上分离开来，然后将其作为独立构造物与其他故事相比较，并尝试获得关于故事的普遍命题。我们认为这样一种处理方法是一种对构造物的歪曲。如果我们正确看待，那么或许并不是说一个故事连接上另一个故事，每个故事也不是仿佛故事海洋中的一滴水，而是说每个故事都与其他故事，也许与所有故事都处于这个活生生的关联之中，我们已经试图传达对这种关联的最初印象。我们或许也可以说，每个故事已经在每个其他故事的视域中准备好

了，或者说在每个故事中都有留给其他故事的位置。这种情况
让我们回想起我们在第一部分中对个别狮子与狮子的种之间的
关联所详细阐释的。这可能也同时让我们回想起我们在个别
自行车与自行车系列的关联那里所发现的。我们在那里并没
有从事概念研究，同样，我们在这里也没有进行这样一种研
究。如果真的有这样一种概念研究，或者对这样一种研究的努
力，那我们恰恰就是以这样一种研究阻碍通向我们打算阐明
的、通向故事相互之间活生生关联的道路。我们以“活生生的 95
关联”这个表达针对的（即使只是不完全地复述），当然是
这种前故事存在、后故事存在，这个在视域之中的出现（Im-
Horizont-Auftauchen）、在背景之中的出现（Im-Hintergrunde-
Auftauchen），这种前景与背景的关系，这种故事在视域中的游
动，最后是这种特殊关系，即我们迄今只是作为问题而提及的
关系，故事与听故事的人之间的关系，我们也还可以同样补充
故事与讲故事的人之间的关系。

96 第四章

故事与图像（表象）——故事与插画的关系

当我们听或者阅读一个故事的时候，就会出现与故事相关联的图像。这种图像的出现在不同的人那里会以不同方式显示出来。

在戏剧表演那里，这样的图像看起来出现在前景中，它们似乎承载着故事。但当我们阅读同一出戏剧时，那么图像所起的作用似乎与我们阅读或听人叙述的故事相同。当我们想到插画故事或插画童话时，我们又找到一个故事与图像之间的相似关系。

在无声电影那里，当它展示了一个故事时，那么重点看起来又是在图像上。当然，在无声电影中，在没有伴随文本提示的情况下很难叙述一个故事。所以故事必须已经是非常简单和透明，或者建立在观众了解故事的基础上。

当一出戏剧以一种陌生语言在我们面前上演时，我们只能理解故事的片段。同样，当我们出席一个以我们的语言进行的戏剧演出，并且座位糟糕时，我们理解的内容不多。

在所有这些情况中，关于故事与图像之间的关系问题出现了。一部分人倾向于将图像解释为无意义的，并且在图像之外寻找故事的重点，而另一部分人则会认为图像的现成存在对于伴随故事和理解故事而言是本质的、决定性的。

如果我们打算澄清一个故事到底是什么，那我们就必须探究故事与图像之间的关系。起初，无论这是关系到一个幻象、一种舞台布景的图像、在书本中的插画，还是最终关系到一个 97
电影，看起来都没什么区别。我们的出发点在于，图像在所有情况中都起到相同作用，它对于所谓的理解故事而言是重要的或不重要的。

在这里，我们可以先只给出进一步澄清问题的一些提示。我们首先转向插画。在一个故事、童话中所附加上的每个插画都与一个故事有着特殊联系。例如当我们可以说插画激活了故事的时候，另一方面它也从故事那里抽取它的力量。一般来说，它会展示故事的高潮部分，例如在《小红帽》童话中小红帽与狼的相遇。谁了解《小红帽》故事，谁就能毫无困难地将图像融入故事当中。所以人们至少大概能够表达这个事况。但不认识故事的人怎么样呢？在这里我们也看到类似的情况。从图像中发射出一个故事，或者故事的草图，或者一个关于与图像关联的问题。例如当图像描绘了小红帽与狼相遇的时候，那问题来了，即狼想从小红帽那里得到什么，两者处于什么关系当中，以及这个相遇的结局会是什么样。我们或许可以这样表达：一个故事的草图或者关于故事的问题随着视域中的图像而出现，并且如果图像实际上是一幅插画，那么它也必须出现。

我们或许还可以继续说，《小红帽》故事中的每个图像都以这种方式充满故事地出现。

但我们现在不是在绕圈吗？如果图像以包含故事的方式出现，那么它的含义或主要含义似乎又在于它承载一个故事、指示一个故事。于是图像又具有与像话语、词语的大致相同功能，它能够使故事像话语那样出现，或许只是以不同方式，或许部分更透彻、部分没那么透彻，或许还具有不同的视域，但
98 也还是以我们在被叙述故事中所遇到的类似视域，例如看到过去和将来，看到周围环境，看到前景和背景。在这里，不难发现，被叙述的故事和插画之间的相似之处无处不在。因此这也解释了插画可以和被叙述的故事相吻合，尽管不是完全吻合，所以随着插画而出现的故事也可能与以被叙述故事方式出现的构造物相矛盾。当戏剧表演的评论家或观众将演出与他在阅读时浮现出来的构造物相比较时，就会出现将故事与插画相互联系或相一致的尝试，或者确定插画故事在哪些地方与他听到的故事不一致，前者在哪些地方胜过或者不如后者。这甚至可能不是一个真正的比较，就像比较两个三角形那样，情况也许会让人联想到一首乐曲，人们从一次精彩的演出那里认识到它，而在第二次演出时不仅演奏错了而且还唱错了，以至于人们仿佛不断脱离他所托付的常规。

假如图像如同报告那样只叙述故事，如同我们所认为的那样只叙述故事，那么问题就在于我们是否以此完全恰当地处理了情况。最终，图像中的小红帽看起来仍然是小红帽的躯体化

（Verkörperung），小红帽仿佛穿过故事一样；于是我们马上又会问，小红帽不正是以自己的方式，以其不同于其母亲、狼、祖母的方式纠缠在这个故事当中吗。小红帽伴以身体的方式出现在我们面前，我们最终看到的只不过是身体，她本人甚至看不到这个身体，而体验故事的小红帽当然并不等同于这样的身体。她当然与这个身体有关，但仿佛仍只是小红帽通过她的身体闪耀着光芒。

我们首先或许只是以此指出了一条线索，沿着这条线索， 99
我们一方面能够更接近话语和图像之间的关系，另一方面能够更接近话语和作为构造物的故事之间的关系。现在我们可以在其中更确切地把握问题：以人的身体方式出现的东西，以及在我们与人相遇的地方所出现的东西（无论我们是在图像还是在现实中与他相遇），都只是这个人的故事吗？对于观众、第三者而言，故事可以是完全无定形、模糊的，但另一方面，它也可以被详尽解释、阐明。当然，问题马上又出现了，这种的阐明是否有界限。

100

第五章

概述故事所属的一些关联

现在我们尝试根据故事所归属的关联，根据伴随着故事而出现的关联去追寻故事这个构造物。在这里，我们必须避免固定僵化。我们必须承认那些难以确定的东西、不确定的东西，如同那些在前景中看起来清楚、明确出现的东西。我们不能从一开始就设想故事必须是一个没有余数的算术题。的确，即使在算术题那里，我们仍会质疑它实际上是否像人们普遍设想地那样除得尽。

在接下来的观察中，我们首先将在故事中之中真正的纠缠存在——在其中我们又努力去区分自我纠缠（Ichverstricktung）和我们纠缠（Wirverstricktung）的自身纠缠存在（Selbstverstricktsein）——放置在至今为止我们所遇到的陌生位置上。我们在接下来的观察中再讨论与此相关的这些问题。

伴随着每个故事，在其中的纠缠者或诸纠缠者出现了。故事代表着人。它仿佛在没有我们的参与下根据它所固有的重要性延长、深入到人中。我们也认为，只有通过故事，只有通过他的故事才能理解人、人类，并且人类身体的出现也只是其故事的一个出现，即他的面容、面孔也以本己方式叙述着故事，对我们而言，身体也只是叙述、遮掩或者尝试遮掩故事的身体。

关于一个人的故事绝不会出现在虚空之中，即不会只有人出现，而是说在环境当中出现，在其他人的故事的背景上出现，而其他人的故事最终以某种方式消失在视域中，以至于人们会觉得在所有故事之间都存在着一个更近或更远的关联，这种关联在故事那里时而触手可及，时而距离遥远。我们不打算 101
在这里深入探究童话故事或虚构故事与真实的故事之间是否也有这样的关联。但同样我们也不想否认这个问题，必须认真考察该问题。问题尤其在于关于作者想出来的——也可能是整个民族的——这些童话故事与所谓的真实故事之间是否有联系。

正如故事自动将我们转向纠缠在故事之中的整个人，转向他的故事的视域，在这里，故事本身、个别故事是前景，像线索从前景那里向四面八方延伸那样，我们现在仿佛也可以将故事延伸到我们，延伸到故事的广而告之，延伸到叙述、听和理解故事。我们已经发现，这个叙述和理解无法在灌输故事的图像当中来把握。虽然这听起来会很奇怪，但对我们而言，这个叙述和听又似乎已经是一个故事，或者说只有在故事的框架内才能被把握、理解。这不是故事的相互嵌套，而是故事在叙述和听当中的延续，或者是可比于延续的关联。

叙述和听又以某种方式融入对故事神秘的熟悉状态中。只有为叙述者熟悉的故事才能被叙述，故事随着叙述而为听者所熟悉。如果我们回想起每个故事代表着一个人，那么对故事的熟悉又指向对人的熟悉——纠缠在故事之中的人。当故事再次出现在知道它的人面前时，首先被把握到的是对故事的这种熟悉状态。这种重新出现并不是无中生有的重新出现，而是来自一个视域中的出现。这种出现可能又与在第一次听时的出现类似。我们认为，当故事的关联中出现故事的提示语
102 （Stichwort）时，熟悉的故事仿佛叙述着自身，也许提示语的出现又融入相当于在叙述和听那里的种种关联中。

我们在接下来的章节中研究我们在此简要概述的这些关联，即研究故事根据其内容在其视域中的延伸或者扩展、讲故事和听故事、故事的熟悉以及熟悉故事的出现——不可能将它们轮廓分明地区分开来。由于这个原因，我们首先给出这一概述，对我们在接下来考察个别领域之前做好铺垫。

第六章 103

故事代表着人

故事代表着人。我们认为，我们通过人的故事而最终可能通达人。我们将通过一些例子来阐明这一点。

一位法官可能在早上收到一份案卷，当中包含着对他所在城市的一位受人尊敬的人的告发，以及许多敏感细节。用我们的话来说，该告发包含了一个或多个故事。

晚上法官在一场社交活动中与这个男人见面了，至今为止，法官只是从这份案卷里了解他。他亲自认识他。他也无法避免与他交谈。

现在我们的问题是：借助案卷而出现在法官面前的构造物故事，与他现在所面对的，或许坐在他旁边的，和他聊天的这个男人本身有什么联系？或许只有诗人才能透彻领会在法官心灵中发生的一切。让我们假设法官确信指控的真实性。他与这个男人的谈话将变得非常冷淡。但顾及到邀请人，他不得不保持交谈中的礼节。在这个例子里，很明显法官相信从案卷、从位于案卷中的这个故事那里去认识这个男人，要完全不同于和胜于在社交活动里和他的会面。

我们也可以稍微改变这件事，即在法官看来指控的正当性是非常可疑的，他有理由认为告发的动机不正当。于是他或许将本身出现在指控那里的构造物“男人”，与他了解认识的这个男人进行比较。他寻找这个构造物是否能以某种方式安放在这么个视域中的迹象，即在社交活动里的这个男人出现在他面前的视域中。他并不能成功地使得控告里的男人与他所了解认识的男人相一致。

104 这种情况会让我们回想起故事与插画的关系。从法官的角度来看，我们可以问坐在他旁边的这个男人是否适合这个故事，是否提供了一个关于故事的插画。

现在我们举另外一个例子。亚历山大的军队在沙漠里行军。水已经用完了，整个军队饱受口渴的折磨。一个侦察队靠近国王。侦察队带来了水，但是只有一杯子满，并递给国王喝。国王拿着杯子，思考了片刻，然后将水在军队面前倒进炽热的沙里。我们随着这个故事通达国王的心灵。故事对我们所说的，或许比我们所了解的关于亚历山大的所有图像和雕像能够对我们说的还要多。

或者再举另外一个例子：一位律师从他漫长的实践里认识了数以千计的客户。他或许不擅长记住他人。他或许只能叫出一小部分客户的名字，同样地，当客户在某个地方碰到他时，他也只能认出很少一部分客户。但是只要人们开始交谈起将客户带到律师那里的案件，那么他就会回想起即使发生在过去许多年前的案件。所以如果我们用通常的话来说，那么对案件的记忆力看起来是有些不同于对人的记忆力。我们这里所说的案件实际上就是故事。这些故事可能伴随着一个法律中心。但几乎没有一个案件不彰显出人类的品质，开启对人类心灵的洞察。在此我们首先想说：案例代表着人，在这里，律师通过案例向前推进到个人。在这里我们又追溯到插画的例子。而在这里，只是人的外观不再需要与故事相一致。就不擅长记住他人的人而言，人生活在故事之中，他无法将人的外观置入故事之中。与故事相比，外观并没有告诉他什么。他认识数以千计的
人，他可能比许多人，甚至亲近的熟人都要更了解他们，但他 105
也只是在故事的基础上认识他们。

对于理解纠缠在故事之中的人而言（他是在故事中消极或积极意义上的主角），并非每个故事都像亚历山大或法官手中的故事那样具有同等重要性或表现力。但每个故事都很重要。如果我们仔细观察身边的熟人，那我们将看到我们实际上是如何只通过故事来了解他们全部的一切，以及许多小故事是如何组合成一个传记。我们对人在本质上所认识的看起来就是他们的故事和围绕着他们的故事。通过他的故事，我们与他本人接触。人不是肉身的人（Fleisch und Blut），取而代之出现的是作为其本真性东西的他的故事。当我们遇见一个人，而我们已经听闻他许多东西的时候，例如在选举会议上的一位伟大政治家，那我们首先会说，我们现在见到他本人了。我们以此想表达的是，我们已经与他进行最亲密的接触，这是完全可能的。

这番话当然是有道理的。但另一方面我们是否可以说，我们已经预先通过关于他的故事而更加紧密、直接地接触到他的本真性东西，甚至说只有在我们已经知道的关于他的故事中，才能找到认识他本人的最终支撑？如果没有在新的故事中再次出现，亲自认识或许只不过是证实这个人仍然伴随着这个故事生活、生存，或许亲自认识还以一件小故事而达到高潮，例如他看起来病了、工作过度，或者他给人留下一个活泼或者充满活力的印象，这种相遇不比我们和从数以千计的故事所认识的熟人的日常会面意味着更多吗？

在这里，我们想到尤其自拉瓦特（Lavater）以来大量讨论的问题，也就是相貌与心灵的关系。我们认为，正如我们在插画那里已经表明的，相貌、面相学开启了故事的视角，我们就像在一本书中阅读故事那样，在相貌中阅读故事。它们可能是
106 一种不确定的故事，但它们都是故事。所以我们也将尝试去理解笔迹学，手稿笔迹也引导我们走向故事。当然，只有当我们更加明白故事与所谓的人类特性之间关系的时候，我们才能深入钻研这些关联。

第七章 107

叙述与听——故事如何在叙述与听中延续

现在我们来到了对故事的叙述（Erzählen）、听和理解，以及这样的叙述和听又融入其中的关联。叙述和听在我们看来绝不是对故事的一个公布、通知、转达，而是说其本身又以最多样的方式属于一个故事。

所以叙述可以延续一个故事，或者可以构成故事延续中的一个行动、要素。如果我们可以这样说的话，我们已经在前面对故事如何向律师叙述的考察中发现叙述的这个作用。人们向律师叙述故事并不是为了告诉他，而是为了推动他在故事中活动。在类似的关联中，故事被陈述给律师，被陈述给法官，在可比较的关联中，故事又被陈述给牧师，在其他关联中又被陈述给医生、公务员或者行政机关，人们力图在他们那里实现或者拒绝某些事情，或者希望从他们那里得到援助。

如果我们最初可以参考图书馆及其收藏的所有故事来了解故事的概况，那我们现在可以参考像在律师事务所中的案卷、在法庭和行政机关那里累积起来的案卷来努力了解故事，尽管只是从外部开始。和书一样，这些案卷也包含了被叙述的故事和已经成型的故事。

我们现在针对这些故事。这些故事全部出于一个意图被陈述。这并不是已经完结了的故事，而是始终向前推进、要继续下去的故事，是与之相关联的部门、单位要继续书写延续的故
108 事。例如律师应该设法为某人获得权利，法官应该做出裁决。听其叙述病史的医生应该治愈疾病，牧师应该给予劝告或者安慰。在任何地方都尝试从故事中引出另一个人或另一个地方，去推动这个故事，去延续或者结束一个故事，使故事成为他们自己的故事。或许我们办不到这事。我们可能会遇到的第一个不顺，或许是所涉及的部门并不负责，拒绝以某种方式处理我们的故事。我们或许在其他部门会更幸运，也或许没人对此负责。然后故事会告一段落，否则故事会延续下去。延续的方式是多种多样的。但延续的特征总是在于它不会简单地成为处理故事之人的本己故事。但另一方面，这也不是一个与他毫不相关的故事。当一个公务员要去处理故事的时候，那我们会尝试将这里的特殊关联表达为：故事实际上跟国家有关，公务员作为国家代表去处理它。由此在思想背景中出现的是，故事的延续或解决可以说是一件国家自己的事件。在律师或者医生那里情况又会不一样。例如他们说，延续故事、在一定前提条件下参与到对故事的处理都属于他的工作。

从像这些陈述给律师、法官、公务员的故事那里，一条笔直的道路通向种种法律和戒律的特殊构造物。所有这些求助

于这样的部门的老百姓的叙述、报告、请愿、要求、申请都必
须以法律、规则或类似的构造物为根据，我们还会问，这些法
律与个别的叙述之间有什么关系。立法者以某种方式出现在法
律后面。立法者可以是个人，也可以是匿名的我们。我们在法 109
律中找到种种威胁、警告、禁令、戒律，如十诫那样。立法者
和法律对于构成我们出发点的个别故事而言又具有一个可确定
的位置。我们会有这样的印象，仿佛立法者已经预见到个别故
事，并且介入到这个未来的个别故事中。事况类似于一位父亲
对他的家人和家庭颁布规定。我们认为，人们会首先在故事的
角度中搞清楚这里的种种关系。就像通常所说的，法律以属于
法律的个别故事的方式合拼成一个特殊的总体构造物，而我们
又会将其把握成故事。法律是这个总体构造物中的一个要素，
或者其中一个或多或少可独立把握的部分。但总体构造物的统
一源于法律和个案的相辅相成。法律没有了个案什么都不是，
个案没有了法律什么都不是。法律伴随着个案出现在视野中，
个案同样伴随着法律出现在视野中。如果我们询问法律的诞
生，那么在总体构造物的故事中可能会闪现某一个显著的点，
但这个点没有其前故事和后故事的话仍然是无法理解的。正如
我们可以说法律扎根在过去那样，我们也可以说它从持续运用
中获取它的力量，从对处于法律之中的法权信念中获取它的力
量。所以例如法官不仅要不断审查法律是否曾颁布过，而且还
要审查它是否依然有效，用法学家的语言来说，它是否由于习
惯法而被废除。这样一种出于习惯法的废除可能在很长一段时

间内发生。然而，如果法律不再适应变革后的新时代，这样的废除也可能在大变革下日复一日地发生。

在个案的视域里法律出现了，在法律的视域里个案出现了。同样我们也可以说，只要有案例和故事就有法律，并且只要有法律就有个案。这并不是说先有法律，为了未来而规范处
110 理个案的法律。这也并不是说最初是混乱和无序，然后它们二者通过法律而被规范处理。

首先，对我们而言重要的是指出法律如何处在故事之中、属于故事之中，它本身又是如何成为一个故事。在传统里，法律和故事之间的这个关联通过法律的系统构建而被掩盖，就像幕帘那样。这一点在其他法系中更清楚显现出来，种种法系与其说取决于法律，不如说取决于先例。故事的特征最初在先例那里显而易见地出现。当然，与此同时新的问题出现了，例如先例凭什么以及在多大程度上具有法权构成的力量。或许在这里，这样一种踪迹帮助到我们，即先例总是包含一个我们的表态，代表我们的表态。

我们并没有在法律的普遍性中看到它的本质之物。对我们而言，法律的运用并不意味着某个案件从属于某个普遍规则，而是法律作为涉及许多故事的故事，在故事之中代表了我们。法律就像这些故事本身一样具体。如果我们要为这种关系寻找比较，那我们可以参考个别何用之物与何用之物的系列的关系，或者个别狮子与狮子的种之间的关系。用我们今天的话来说，法律也会规范处理一件个案。在这样一种情况下，法律直

接结合到个案的故事之中。我们不考虑这种情况。但如果按照通常的说法，法律普遍地规范处理案件，那这只意味着它只涉及自行车的系列，或者出自何用之物领域的可比较的构造物，或者狮子的种。在这个意义上，例如一个法律会在通常意义上“普遍地”切中自行车与汽车之间的先行权的关系，或者狮子禁猎期的规定，或者在特定自然保护区内狩猎狮子的禁令。如果法律涉及产权或质权，那情况并没有什么不同。在这件事情上，法律始终只能以像理解、把握自行车的系列或者狮子的种那样的同样方式来理解、把握何用之物的产权或何用之物的 111
质权。

我们当然可以问，我们对普遍对象的思考、对个别自行车与自行车一般的关系的思考、对个别狮子与狮子一般的思考是否也适用于法律首先所特有的构造物，适用于像产权、物权、请求权、债权等类似构造物。迄今为止，看起来还没能成功澄清或关注这些构造物表达了什么。在我看来确定无疑的只是这些构造物也只存在于故事之中，只通过故事而变得可理解，并且它们与其他出现在故事中的构造物处于最紧密的关联中。所以产权与何用之物可能存在着特别紧密的关联，例如创造一个何用之物的人有权得到何用之物的产权，对何用之物的产权随着在故事内对何用之物的创造而变得鲜明，并且它像何用之物那样具有一个类似展开。如果产权在法律中被理解为一个人与物之间的关系，那么物或许首先指的是某些可比作何用之物的东西。在这里我们只打算指出，产权是普遍的，不外乎是何用之物是普遍的、在故事中的纠缠者是普遍的、人是普遍的。所以当立法者谈论产权时，情况与他在谈论自行车或何用之物时，在其他领域中谈论马或狮子时没什么不同。他谈论着例如相互关联的特殊构造物，如同我们在第一部分里所尝试澄清的那样。

所以在我们看来，在法权领域中关于普遍概念的问题与其他领域中的并没有什么不同。公布一项法律的立法者通过他所使用的表达使得这些装载着故事的构造物、只能从故事中得到解释的构造物、只能通过故事而通达的构造物等相同领域在视域中出现。

第八章 112

故事的熟悉——对于故事出现的提示语

类似于故事在叙述和听的过程中出现那样，它们看起来也可以自行出现。在这里，我们也说故事是为某人所熟悉的，它们从回忆中出现。故事可以简单而轻而易举地出现，也可以像从遥远的地方那里缓慢、零碎地出现。当故事再次出现的时候，它就像一个新近被叙述的故事那样处于我们面前，伴随着前故事、后故事、前景和背景。这样它就融入故事的整体中。当然，它是涉及他人的故事还是自己的故事，在这一点上还是有区别的。我们在这里不打算研究这个区别。紧接着确定无疑的区别是，故事是作为童话出现，还是作为神话故事，或者作为真实的故事出现。在这里我们也不研究这些区别。

我们对我们所熟悉的故事会有这样的印象，仿佛它们在视域中包围着我们，并且只是在等待一个提示语而从沉睡中醒来，大步走向我们。这个提示语、故事出现的时机，让我们想起叙述的情况和故事通过插画出现。例如我们碰到一个许久未见的熟人。现在，熟人的本己故事在背景中出现了，尤其是我们与熟人所共同拥有的故事。故事并非混乱无序地出现，而是在故事所特有的秩序中伴随着前故事、后故事及其视域出现。例如当我们遇见一位团部战友的时候，那么伴随着团部一同出现了团部的成员、团长、营长和连长。一个团部故事出现
113 了，并且在团部的共同经历也出现了。所有一切都在一个或多或少确定的秩序中出现了。这种出现非常类似于我们阅读团部故事时所出现的情况，或者我们坐在书桌前记录下我们对团部回忆时所出现的情况。于是与熟人的相遇就是对于所有这些故事出现的提示语。这种出现无法被轻易制止。在碰面之后还出现补充，甚至这些补充能够在梦中持续下去。团部故事本身又从大战的背景、战争的前故事和后故事的背景中出现了，并且以此进入到我们当下已纠缠在其中的故事、这些故事的背景里。或许根据我们的观点，我们两人都因为战争而脱离了生活的常规。我们想象，如果没有战争，天晓得会变成什么样子，并且以此在邪恶战争的背景中看我们的当今故事（Jetztgeschichte）。

每一个熟悉的故事都会以这种方式出现在这样的关联中。

如果我们现在回想起律师所熟悉的关于他的顾客的故事，那我们会有这样的印象，仿佛数以千计的人像幽灵一般围绕着律师飘荡，律师可以任意叫唤出他们，将他们置于中心，并且他们在某种程度上获得了血肉，以至于他成功重造了故事；但与这些人当时亲身经历的方式相比，重建的方式要更加强烈。故事及其视域看起来从一个提示语那里出现在围绕着律师的视

域中。同时共同出现的他人被分离开来，直到一条故事所围绕着建立的红线出现。

基本上而言，这样一个被听过的故事能够以类似于在它被第一次听到时的方式重新出现，这不会比第一次听到某个故事和理解这个故事更加神秘，或者同样神秘。

我们借助于词语和句子来理解一个故事，一个图像或插画可以将我们引导向一个故事，这样的实情或许不会比我们在 114
这里想到的实情更加令人惊异，即某个被给予的诱因又给一个老故事带来生命。我们往往能准确找到诱因。它完全可以相比于我们已经谈论过的诱因，如插画或图像。例如当我们遇到一位熟人，并且在相遇时突然想起关于他的故事的时候。但是当交谈中谈论到这位熟人，并且这位熟人在我们对他所认识的故事框架里呈现时，情况也是如此，根据故事之间的种种关联，一个故事使得另一个故事出现。在这种情况下，我们并不自认为已经解释故事的这个出现，而只是暂时认为其中一种出现和另一种出现一样无法解释，或者说在听那里故事的首次出现与人们称作故事的回忆一样可以解释或无法解释。这绝不是我们对这样一些问题的回答，故事在我脑子里或者在我们每个人的脑子里具有一种怎么样的存在（Dasein），所有这些故事具有一种什么样的存在，我们仍然可以让这些故事仿佛在昨天发生一样出现，哪些被遗忘一半的故事、哪些故事是我们尽最大努力也无法使得它们作为封闭的统一出现的。我们至多可以说故事不是凭空出现的，它们以某种方式处在一个视域中，是现成的，它们或多或少地很快从视域中出现。这种情况让我们回想起对象从黄昏或者雾中凸现。这当然不是一种解释。相反，故事的出现或许更有可能解释对象从这个黄昏中的这个出现，而不是相反的情况。我们只能说故事的这个出现始终是以以下这一点为特征的，即它恰恰是一个故事的出现，并且在这个出现中使人们回想起故事在所有关联中（就像我们在故事的最初叙
115 述中所发现的），在前景和背景、前故事和后故事、故事中各部分和视域的关联中最初的当下形成，以至于即使只是先从一个点进入到故事，我们也仿佛能够将整个故事向我们拉近。因为这始终关系到一个统一的故事，所以无论是首先出现第三幕还是第一幕，首先出现前故事还是后故事，或者我们从背景摸索向前景，看起来都是无关紧要的；我们从哪一个门进入到房子里，或者我们是通过一个窗户爬进来，或者甚至从烟囱爬进来，看起来都是无关紧要的。现在我们还可以更加迫切地追问：一个故事为我们所熟悉到底意味着什么。故事根据一个提示语而出现，我们不相信人们对此还能回答得更多。我们也认为，这种奇迹或神秘并不会比故事出现在叙述中的这种奇迹更加强烈。它出现在一个视域中，从一个视域里出现，它在视域中有其位置。我们仿佛可以通过我们所纠缠在其中的当今故事来聚焦它。这个与当今故事的关联，在所有我知道的故事的区域、视域中与所有其他熟悉故事的关联始终是现成的。与其说故事出现了，我们不如说故事叙述着它自身。这样的表达只意味着我们放弃机械力学的解释尝试，放弃通过一种联想理论去

弄清楚事况的尝试，因为这样一种理论只是分散了要去抓住特殊现象（就其大体上是可把握而言）的注意力。

我们无法将对故事的熟悉作为故事的存在方式来探讨。对于纠缠或者曾经纠缠在故事之中的人来说，我们也可以在某种意义上谈论熟悉。正如我们在随后将看到的那样，在这里我们对情况有不同看法。但我们在这里所谈论的熟悉又只是作为处于故事之中的熟悉。某人纠缠在其中的故事，通过它变得为人熟悉才能获得其意义，才会变得庞大。纠缠者可以由于该故事变得出名而落入勒索者的手中。而勒索者处于在任何情况下都 116
不能被熟知的故事中。以下这种情况也处于类似关联当中，当政敌们根据故事来彼此探索对方的一生，这些故事或许最初被放置在一个档案室中，以便在合适的时机毁掉对手。熟悉并不是故事的存在方式。这始终只是在其他人的头脑中意识到。

在这里特别显而易见的是，故事如何代表人，个别故事如何无法从生活故事中抹去，人如何纠缠在他的故事之中，整个生活故事如何构成一个统一，对故事的熟悉如何意味着对他内在的了解。我们这个时代的特征是，除了纯粹技术的职业，上层职业基本上都在研究别人的故事。这项工作可能从一开始就被更加俭朴的民间圈子所怀疑。在这个圈子里流传着这样一种观点，即研究、暴露其他人的故事是无礼的。他们或许无法区分他们所谴责的在私生活中的好奇心与当局和公务员的好奇心，它因公务而变成了职责。事实上，在这两种好奇心之间，可能存在一个隐秘关联。认真有才干的人也可能总得付出努力去克服研究其他人的秘密，成为知道秘密的内情人。对公众好奇心的某种限制可能构成了当局保密以及为忏悔者保守秘密的职责。另外，这种对故事的探求又是与以下这一点紧密相关，即今天的人类已经完全不同于早期那样混杂在一起，他们不断地寻找新的活动范围，而就他们的故事对活动范围具有意义而言，进入新的活动范围取决于他们的故事是否为人所熟悉。最初每个人为了新的活动范围都必须或多或少公布他自己的故事，亮出自己的意图，而在古代跟他接触的每个人从一开始就了解、认识他。

第九章 117

对叙述和听的新尝试

在我们刚刚思考的基础上，我们现在看到了对故事的叙述和理解所融入其中的新关联。如同陈述给法官的案件就是一个具有某种内在完整性的故事。但这个故事又融入一个全面故事的框架里。它朝后指向法律和立法者，并且在将来指向法官的介入。以此一个总体故事就会走向结束——暂时的结束。

对自成一体的故事的叙述和听在总体故事中具有一个固定位置。在这里，叙述和听并不是偶然加入个别故事中，而是说个别故事的目的在于被转述。所以，例如一个故事、诈骗、偷窃或其他违法唤来了检察官或者法官。偷窃、诈骗的故事就着眼于此。如果我们不考虑法官或其他当局所应当负责的所有事情并非都被呈递给他们，例如根据谚语“没有人告状，就没有法官”，那么这些例子都让我们清楚看到，在我们讨论处理的整个领域中、在案卷的领域中，所有故事都着眼于被转述，在应负责的部门那里被陈述，他们进行干预并发展故事。因此叙述和听在这里具有特殊的重要性。它让故事延续下去。

同样的故事也可以讲给其他人听。这种关系最初是缺失的。但我们可以问，是否有其他东西代替了这个关系。我们也可以泛泛地提出这个问题，在叙述故事、在讲故事的时候，到底是否存在一个相应于我们在这里所论述的关系。

我们无法将每个故事都叙述给每个人。如果我们在大城市
118 里从大街上的人群中抓住某个人的胳膊说：“我有个故事要告诉您”，那么这个人会惊讶地看着你，并问：“您为什么要打扰我？”被打招呼的人或许也会怀疑另一个人的理智。从这里我们可以看到，支撑着故事叙述的可能或者必须是哪类关联。这种关联并不总是像案件领域中的案卷那么明显，在那里叙述者和听者仿佛都是预先确定了的，并且听者无法摆脱叙述者，并且在许多事情上叙述者不仅有权利去说，而且例如作为见证人也有义务去说。我们可能无法全面概述在这里所涉及的、作为前提的所有其他关联。就它涉及活生生的故事而非书本故事而言，叙述和听的基础在于叙述者和听者之间的关系，例如亲戚、婚姻、友谊、熟人关系，以及人们在转述叙述时作为先决条件的兴趣。叙述可能是为了寻求建议、安慰和帮助，也可能是为了取悦或激怒某人。在这两种情况中，听者和故事之间已经有了紧密联系。故事可以进一步构成命令、指示、请求和愿望的基础。在这里，叙述要达到的实际目的就像生活那样是各式各样的。如果叙述要达到的是这些目的，那么故事就会随着叙述而延续，就像对于案件而言特定故事的延续。故事成了一个更大整体的一部分、段落。

现在的问题是，除此之外是否还有一种对故事的叙述没有包含在这样的关联中，它也许只是一种公布，以此我们通向或许可以让位给书籍故事的领域。其中也包括口口相传、世代相传的童话和故事。即使今天所有一切都已经印刷出来，书的前 119
身仍然是口头上流传的叙述。对于某个时期而言的歌颂者就是我们这里所着眼的叙述者。我们现在认为，歌颂者或者今天的作家在一种关联中引起他的听众的兴趣，这种关联也可以与我们在这里所谈论的种种关联相比较。在听者那里必须已经准备好基础，他得容易接受故事。故事必须适应听者现成的视域，否则他对故事的兴趣马上减退。听众开始做梦或睡觉。我们不可能将故事像药一样滴注给每个人。故事只能融入现成的视域中。如果故事以这种方式融入，那么已经开始进行了的故事并没结束，而是会继续产生影响。在某个人那里是这样，在另一个人那里又不一样，这个后续影响又为新的故事提供基础。后续影响是所听到的故事的延续。

我们几乎无法想象、无法承认这样一件事实：讲故事和听故事只是故事的传递。但问题仍然始终是悬而未决的，即这个讲故事和听故事到底是什么。

120 # 第十章

本己纠缠——不同于他人纠缠——他人故事如何能变成本己故事——人之存在何以在故事之中的纠缠存在里穷尽

随着本己纠缠，我们来到了我们研究的核心。现在我们不再考察读者在像书里的故事的角色，也不再考察因被呈递故事而参与其中的公务员或法官的角色，而是考察亲身纠缠在所涉及的故事中的人的角色。在每一个书本故事、每一个案卷故事以及每一个其他的故事中都有一个这样的亲身纠缠者，甚至是好几个。我们现在尝试去把握这个故事的核心，读者、听众仿佛只是围绕着这个故事旋转，而不属于其核心。我们已经看到，这种旋转又是与核心故事紧密相连，它可能又是一个故事。尽管如此，某人本身是否属于核心故事，还是说他对于核心故事而言只具有一个听者或审判员的位置，则是不一样的。这种对核心故事的从属、在核心故事中的纠缠存在，在每个被听到的、被阅读的故事中都会出现，就像其他人纠缠在故事中一样。就像睡美人纠缠在她的故事之中，小红帽纠缠在她的故事之中，拿破仑和恺撒也纠缠在他们的故事之中，我们的邻居和同伴也纠缠在他们的故事之中。伴随着故事，这些纠缠对于读者和听者而言作为他人纠缠而出现。如果我们在这里选择纠缠（Verstrickung）这个表达，那我们可能要先证明这是有充分理由的。如果我们声称没有无纠缠者的故事，那么人们或许 121
会反驳我们说纠缠这个表达主要只适合严肃而悲伤，或者至少是重要的故事，而不太适合无关紧要的故事、田园诗或者一个快乐的故事。我们在一个全面意义上使用纠缠这个表达，并且将以纠缠者来切中发生故事的每个人——他处于故事的中心或从属于它。在这里，界限可能没有清楚界定。在故事中会有配角、小人物，我们并不真正知道他们到底是否还属于故事。在这里我们会回想起我们关于前景和背景的研究，以及对那些在视域中只属于故事的东西的研究。在参与故事的群众那里也有类似过渡转变。在故事的一开始我们无法看出谁将成为主角，谁将仍然是配角。是的，即使到了最后我们也还是会拿不准对于故事而言谁是真正的英雄，谁才是故事中真正的主角。

在对比他人纠缠和本己纠缠时，我们必须牢记他人纠缠是另一个人的本己纠缠。所以每个故事只能以其他人的这个本己纠缠的方式出现，并且我们现在所专注的主要问题是：他人的本己纠缠和我自己的纠缠有什么关系。我们与读到这里的读者探讨这个问题。每个人在其周围都有他人故事、其他人的本己故事，并且每个人也有自己的故事，他最本己的故事。我们现在针对的是每个人的这些最本己的故事，及其与他人故事的关系。

如果我们现在以这种思路来考察我们自己，那我们发现我们目前卷入或纠缠在其中的现实故事。在这里我们尝试谈谈体验（Erlebnis）。这也可能仍然满足语言的使用，但存在着我们忽略故事的统一的危险。我们当然认为每个体验都属于故事。但在我们当中的故事并不像完美的剧本那样上演着。有些体验只是故事的开端，或者甚至只是故事的空洞碎片、片段。但是在这些体验中，属于一个完整故事的体验显得分外突出。在这个意义上始终会有许多我们纠缠在其中的大大小小的故事同时进行着。它们并不像我们阅读的故事那样印刷好放在我们面前。例如刑事法官在上午审查了十件刑事诉讼案卷，以此他在
122 一定的距离中面临着十个或多或少自成一体的故事，或故事的开端。当他现在从这些故事转向他自己在今天早上所体验的故事，转向他的私人故事时，那么他将很难像报告案卷故事那样对这些故事作出说明，尽管他无疑整个上午都卷入自己的故事当中，除了职务生活，还过着职务生活之外的生活。例如他可能在早晨的时候与他妻子争论。他或许在吃早餐的时候有点粗鲁，他也不清楚他怎么是这样的。他的粗鲁伴随着他在案卷之中度过整个上午。他可能在思考他是否对此负有唯一责任，还是说他的妻子也要对此负责。他将此事与其他事件联系起来。或许他决定在未来要更好地克制自己，并在午餐时给他的妻子送去鲜花。所有这些想法都围绕着一个故事旋转，与案卷相比，这就是他自己的故事、他的私人故事，尽管就内容方面而言，同样的故事也可能出现在案卷之中。因此，法官可能在阅

读案卷的时候想到他的晋升，他期待他的晋升改善他的人际关系，他可能思考为了他的晋升的利益他能够做什么，他在政府部门有哪些朋友，他们对于晋升有哪些影响，以及他为了晋升能够动用哪些力量，他有哪些前景，他的竞争对手会有哪些前景。这其中也涉及一个故事，它好比处在负责审查处理晋升的负责人手中而最终要归入档案的故事。

他人故事也能以奇特的方式、以多种多样的方式进入到自己的故事中。我们首先选择一个有点粗糙的例子。宣布死刑或参与判决的法官、检察官，一起参与判决的辩护律师，原来未介入的证人，在这里就像陷入漩涡之中那样陷入他人故事之中，虽然这个故事与他们个人根本无关。根据他们的估定，就如人们会说的，他们在未来还会因这个案件而震动数周，总
是反复检查他们是否尽了一切职责、尽了一切努力来搞清楚案 123
件，他们是否考虑到了所有减刑理由。在这里出现的死亡给所有参与者蒙上阴影，并且进入到他们的私人故事中。但死亡只是一个特殊情况。类似的人群也可能判处监禁或其他处罚，并且跳入法官和其他参与者的私人生活中。

但如果事后发现判决是错误的，参与者自问他们在错判上是否都有责任，这样的对他人故事的参与就可能变成切身的故事。即使他们没有责任，冲击依然存在。在这里我们看到了最初的连线，在他人故事和本己故事之间的种种联系，它们双方或许都指向一个最终的共同性。

我们现在必须尝试进一步搞清楚本己故事与人之存在

（Menschsein）之间的关系。我们认为，人之存在在故事之中的纠缠存在里穷尽了，人是在故事之中的纠缠者。也就是说，如果我们当中每一个人现在都反思自己，那我们就会发现，我们向来都是纠缠在故事之中的。在这里我们将徒劳地期盼最初的故事——故事消失在视域之中。但就此而言我们只能说，我们只能通过故事朝这个视域探索。只有故事才能倒退地形成故事的反向延续。

我们仿佛是从头开始处理我们自己的故事，还是像歌德在《诗与真》、卢梭在他的《忏悔录》中所做的那样，尝试对我们的故事和历史进行概述，或者从每个人的生活状况出发，这都是不同的。我们可以设想，歌德在完成他的作品之后，对他到目前为止的一生会有与之前完全不同的态度。除此之外，过去如何围绕着他，这在每个人那里都是不同的。过去的视域在
124 其曝光了的部分中可以是狭窄的，也可以是宽广的。这个视域的特殊性在于，它并不像空间视域那样具有一个被持续遮挡光线的特征，而是在故事次序中已发生的遥远东西可以被照亮，或者视域中的许多地方可以被照亮，而处在两者之间的东西可以处于黑暗之中或者被不重要的朦胧所遮盖。同样地，在过去发生了的故事中，一个个别部分、一个场景又可以在光亮的照明中因与其余部分相比而显得突出。从过去或过去故事的曝光中，我们又能区分故事距离我们的远近。对于我们来说，时间上距离遥远的故事可以在另一种意义上是下一个故事。在这里我们不得不回想起，我们或许永远无法说一个故事它结束了、

终结了，我们也可以在各种不同的意义上这么说。

我们越是往后回溯，故事通常就越变得更不清楚、更模糊、更不明白。不过也有一些故事发生在遥远的过去，但它们还是始终非常清楚详细地一次又一次出现在我们面前。尤其是那些震撼过我们的故事，例如征战中的战斗岁月、考试日，以及那些以特殊方式流传至今的故事，无论这些故事是多么古老，我们今天仍感受到它们的影响；或许还有那些仍未被发现的故事，我们今天还在担忧发现它们。我们或许可以说，故事在任何时候都不会结束，没有故事会完全消失在视域中。确实许多故事的特征在于它们永远紧跟我们不放，它们不会消失。因此我们在任何时候都总是以特有的方式纠缠在许多过去了的故事之中。

例如赫西俄德与弟弟的继承争执作为其最本己的故事紧跟着他不放。这个继承争执贯穿《工作与时日》，它甚至不仅贯穿这部诗歌，而且他从它那里勾画出诗歌，并尝试以这种方式去解决纷争。他试图将他与弟弟的争执编排入世界进程（Weltablauf）的整体中。从这个继承争执那里，他得出了他本 125
人所属的第五代或者第五个时代。在那个时代，公正与不公正相互斗争，并且通常是不公正压倒了公正，尽管只是一阵子，但从长远来看，即使是在第五个时代中，不公正的人仍然受到诅咒，而公正的人仍然受到祝福。就人们在紧跟某个人不放的本己故事的意义上，并且就这些本己故事扩展到最遥远的视域中所能阐释的东西而言，《工作与时日》几乎无法被穷尽。

除了赫西俄德完成或尝试去完成他的本己故事的这种方式，我们可以拿逃避自己的故事、在所有方面的遁世做比较。在这件事情上，我们或许会在基督教的遁世者、僧侣和神职人员、托钵僧和苦行僧之间找到奇特的类似情况；也许我们还得加上哲学家们和博学者，或许还有国王、大臣及其官员。他们所有人都可能与世隔绝，或者与私人生活、私人故事隔绝，并以最多样的方式在别处寻找替代。逃避故事也属于故事。

当我们进入我们故事的视域里时，虽然我们无法说出发生在视域中的哪个故事是我们最初的故事，但或许我们可以说哪个故事是第一个清楚的故事。

第十一章 126

本己纠缠（延续）——本己故事的特征——没有故事能从我们的生活中移出——在本己纠缠者的故事中的关联——在故事中的生长方向

故事可能会让我们回想起随时可能再度裂开的愈合了的伤疤，或者也可能回想起根本无法愈合的伤口。

所有这些故事都有“它们都是我的故事”的最终特征，它们由此以一种独特的方式彼此相属。我们并没有看到同一个统一心灵在某种程度上作为中心纠缠在所有故事之中，仿佛一个心灵在故事中穿越。确切地说，这个纠缠存在现成存在于每个故事之中，不仅存在于同时发生着的故事中，某种意义上也存在于现实的故事、真正过去了的故事之中。但成问题的是，到底有没有失去任何现实性（Aktualität）的过去了的故事，或许只是现实性的程度发生了变动。无论如何我们都无法将故事从我们生活的关联中剥离，也无法将他人的故事纳入我们的故事之中、缝补进我们的故事之中。所以我们的故事与所有其他人的故事之间仿佛通过一个无法逾越的城墙而相分离。在他人故事那里我们已经发现，我们是如何通过这些其他人的故事来接近我们，这是我们接近或试图接近他们的唯一途径。在本己故事那里也有一些类似的东西。显然，我们只能通过我们自己的故事，我们如何经受住它们的方式，我们如何纠缠在它们之中的方式，纠缠如何得以形成、变得松动或不可解脱的方法方式而到达我们自身。这并不涉及一个人为的自身观察，也不是心理学家所理解的自身观察，而是通过在这些故事的基础上建立新故事的方式，而“沉浸”于自己的故事之中。

127 所以我们似乎可以探出头来回顾我们自己的故事，并且也还持续纠缠在我们自己早已过去了的故事之中。我们过去的生活矗立在过去的故事之上，处在过去的故事之中，并且以视域的方式一直围绕着我们，而我们甚至无法从这个故事世界里抬起头来从外部查看它。我们始终只是像脑袋看它本身所属于的躯体那样来看故事，我们也无法从我们的故事里脱离出来，或者进入我们的故事之中，就像例如我们可以从一辆火车里下来那样，并且也没有人能够进入我们当中。

我们也可以从实事的角度进入我们故事的视域中。我们可以尝试借助我们的故事本身来考察我们自己、提出问题并回答问题。我们只有通过考察我们的故事才能满足认识我们自己的要求。对此，我们可以使用传统所提供给我们的图式（Schemata）。我们可以就这些方面考察我们的故事，我们在我们的生活中、在我们的故事中是否保持为虔诚的、有爱心的、仁慈的、善良的、聪明的、明智的、勇敢的、忠诚的、坚韧的，还是说我们的故事更多地证明了相反的一面。我们还可以从其他一些视角来考察：为什么我们有这么少的朋友和这么多的敌人，为什么我们在生活中有所成就或者毫无建树，为什么我们只是在孤独中或者只是在社交中感到舒适自在。我们向我们的生活所提出的这些问题可能是无穷多样的。就像一声令下，故事归入到这些问题之中。可能有许多故事同时回答了许多问题，也可能会有些故事几乎一次就回答了所有问题。

这些问题的提出或出现、对这些问题的处理研究，又属于我们的故事。或许无法想象在生活故事中这样的问题不曾出现、不曾吸引我们或被我们拒绝。

我们也可以将这些问题归入关于我们的知性、理性、性 128
格、禀赋、欲望、活力的问题。我们伴随着所有这些问题活动，或者感觉自己处在一个摇摆不定的地基。这并不意味着我们否认这些问题的意义，或者我们否决这些问题的合法性，而是说我们只打算以此表明：当我们在借助这样的问题来更接近我们自身的时候，要多么小心谨慎。

我们通常倾向于用这些问题来打听其他人的一生，以这种标准去衡量其他人的一生，而不是我们自己的一生。在其他人那里，他们的故事又构成了回答这些问题的基础。在这些故事的基础上，每个人都或多或少被他周围的人以这些标准来衡量或贴标签。

我们可以进一步尝试考察个别故事如何拼合成个别纠缠者的总体故事。这种发生的方式可能是显而易见的。例如我们可以在堂·吉坷德开始旅途之后发现，每一次冒险是如何承接上一次冒险，所有冒险如何沿着相同方向或路线进行，冒险是如何互相相似的，就像一片叶子与另一片叶子互相相似那样，它们怎么就必须是互相相似的，在最初的冒险那里怎么就已经种下接下来冒险的种子，就像树叶发芽那样。我们可能会对欧伦施皮格尔（Eulenspiegel）[①]、纳斯尔丁（Nasr Eddin）[②]的故事有类似印象。

还有其他的故事作为个别故事处于整个生命的中心。从这些故事那里，整个生命变得可理解；从这些故事那里，所有之前、随后的故事才获得它们的最终意义。在伟大的皈依那里就是如此，例如使徒保罗和圣·奥古斯丁的皈依。在这些皈依的视角下，整个生命被分成两部分，第一部分被刻上虚无性的印记，而第二部分则开启了圣徒们真正的生活。但第一部分并没
129 有随着这个开启而落入无尽深渊中，而是说它始终留在第二部分的视域中。我们甚至可以在某种方式上说，它共同承担着第二部分，即使在皈依之后也以不可分割的方式，甚至是以指向性的方式属于整个一生的视域；即使是以否定的方式，或许我们也可以说抵抗的方式，圣徒总是尝试去争取与之保持更大的距离，但是他绝不否认或尝试去否认它的现成存在。如果我们要恰当看待这种皈依，那我们还得注意到这样一个皈依只能作

① 埃里希·凯斯特纳著，瓦尔特·特里尔绘：《小丑欧伦施皮格尔》，侯素琴译，长沙：湖南少年儿童出版社，2018年。——译者注

② 阿凡提原型霍加·纳斯尔丁。——译者注

为故事在生活故事中出现一次，并且必定持续到生命故事的结束。如果不是这样，那么它将失去属于皈依的真正性特征。如果我们更加仔细地观察，那么或许始终能发现在故事中已经事先预告了皈依，在故事之中可以遥远地追溯到最初的苗头，即使根据传统它指示出火山爆发般的特征，使徒保罗的皈依所具有的特征。

我们无法在故事中的纠缠者的背后或者身上，或者在与他的任何关联中找到种种特性，例如性格特征、禀赋或欲望等，而是说我们始终只是在故事当中找到关于这些谈论的最后根据。在这里我们可能还不足以成功揭示出故事中的统一、故事的关联，但这种统一和关联可能正是对于所有这些谈论方式而言的起源。我们以统一和关联这样的表达在故事中切中了它们并不是像石头那样相互搭建起来的，更确切地说，而是呈现出一幅植物或者树木的图像。当一个故事已经展开并达到其高潮的时候，我们已经可以在其中找到新故事的萌芽，它们看起来要迫不及待地展开、等候着展开，或者也像萌芽的苗头一直等到冬天过去按它自己的时机展开那样，也需要时间去展开。在这个与植物界的比较那里，我们不打算通过一些更不明确的东西来解释一些不明确的东西。或许情况恰恰相反，即我们只能联系故事、只能通过故事来搞清楚植物的生长，如果我们没有 130
进入到故事的领域，就无法写出关于植物的句子。或许所有像萌芽、开花、结果、树叶和细枝这些表达只有通过故事，只有以故事的方式才是可以理解或有意义的。

当我们谈论人类特性的时候，最终的基础可能在于故事，以一种比喻的形式来说，故事从一开始就具有一个生长方向，未来的故事已经在每个故事中铺垫好了，过去了的故事从后面推动着未来的故事，让它从自身中发芽，或者尝试以任何方式来实现这一点。就像我们不会想到一棵橡树在明天会长出枞树的针叶而不是橡树的树叶；我们也不会想到在一个纠缠者那里，傲慢变成了谦虚，勇敢变成了胆怯，谨慎变成了鲁莽。通过这些表达，我们已经对传统的话语方式做出了让步。傲慢、勇敢、谦虚只是在故事中的要素，只是故事的色彩，它们在所有的故事中贯彻到最后一抹色泽，或许我们也可以说它们已经以这种色彩和色泽在每个故事的视域中铺展开来，就好像整个故事随着具体故事的开头就已经种植下了，未来的故事不再能脱离这个视域。从这个视角来看，我们似乎也已经在最初的出现那里看到了植物，并且也已经在其未来的视域中看到了每一株未知的植物，未来如同过去一样都属于植物。如果明天我们所认识的橡树被一棵枞树所取代，在后天又被一棵梨树所取代，那我们并不会说树木相互改变，而是说伴随其过去和将来的橡树被伴随其过去和将来的枞树所代替。色彩、“纤维物”仍然存在，所有其他的东西，疾病、闪电、风暴、伐木工、昆虫都与上帝同在，但也始终处于视域之中。

如果我们以过去和未来的方式来看待橡树或枞树，或者正如我们所说那样，在其视域中看待它们，它们消失在过去和未
131 来当中，以某种方式消失在无尽之中，那么很显然，看或者像

感知这样的表达很难适用于出现在我们面前的构造物橡树和枞树。对于看和感知，我们必须以完全有别于传统做法的方式进行理解，以便在传统的话语风格中找到一个以某种方式与这个构造物相对应的行为，这个构造物看起来对每个人都以个别橡树、个别枞树的方式出现。我们尝试去将这个构造物把握为一种他人故事，或者至少是与他人故事紧密相连，即与某个人纠缠在其中的他人故事紧密相连。在视域当中伴随着橡树、枞树出现的不仅有故事所特有的纤维物，在它之后，蓓蕾、树叶和树枝都生长出来，在这里，生长这个表达所掩盖的要多于所揭示的。在视域中出现的不仅是那些我们在最原本意义上算作是树的东西，同时共同出现的还有那些所有我们可以称作树的命运的东西，以及那些不是外在的而是属于它的东西，如健康和疾病。与它一起出现的还有威胁到它的风暴，潜伏在背景中的伐木工，危害它生命的昆虫，雨、阳光，所有一切都在不同程度的远近当中出现了，但所有一切都属于它。我甚至不想说所有这一切出现在边缘区域，而是说它们一直与树一起在那里，并不是说围绕着它，例如它就处在其中，而是去想象一棵没有这一切的树将是无意义的，我们或许只能在思想上通过一种强迫的方式使它们与树相分离。当我们在这里谈论风暴和闪电的时候，我们这么做只是为了通过夸张而指出那些属于树的东西。又为了平衡这种夸张，我们也可以说风暴和闪电都属于天气，某种天气总是围绕着树，或者健康和疾病只表明了两极，树从来不是绝对健康或绝对患病的。

如果我们以这种方式理解树的构造物，那我们实际上已经深入到故事当中，我们尝试通过这些故事来接近树。树在这里
132 已经以纠缠在故事之中、他人故事之中的方式置于我们面前，完全无法以其他方式作为树而出现。

现在根据传统的说法，我们会问我们对“树”的表象是否符合实际。对于我们而言，这个问题是没有意义的。我们只会承认出现着的构造物。我们只是将这个构造物从关于感知和表象的暴力理论中解放出来，这些理论的基本观点，它认为，与我们的理论不一致的一切都不是可能的，都是不存在的。我们走另一条道路，我们承认出现着的构造物，并将无法恰当处理这个构造物的感知理论和表象理论解释为妄想。我们还是回到人，回到在故事中的纠缠者，也就是回到我们自己在故事中的纠缠存在。当我们说我们过去的故事在视域中围绕着我们，我们将来的故事也已经在视域中铺展开来，并且所有我们的故事都具有其自己的颜色和色泽时，那我们还没有以此切中纠缠存在本身，或者说还冒着又再失去它的风险，并且在我们所寻找的人的位置上最终只看到连续不断的同类故事。所有试图切中作为非空间的、永恒的、不可分的实体的灵魂的尝试，都必须以这个纠缠存在为基础，以我们打算切中的这个故事存在为基础，而我们在客体化和固定化的一瞬间又从目光里失去了它。我们只能通过我们的故事来接近这个纠缠存在。我们在我们现时的故事中已经以某种方式最接近它了，但始终只是以背景的方式，在故事的过去和未来的视域中接近它。

第十二章 133

如同只能通过故事来理解人类那样，来理解动物和植物——个体之间的鸿沟以及鸿沟上的桥

我们对树和植物的理解已经或多或少在传统中或者被科学固定下来。在这里，树的身体显现是出发点，它指向加入到过去和未来中的身体显现的视域。在这里我们获得了在一系列显现中的显著点，例如种子开始发芽的点。如果我们继续这样的观察方式，那我们或许也能得出像歌德对植物的变形所进行的那样的思考，歌德也将这样的思考转移到动物界。

我们现在认为，这样的思考无法将我们引向树和植物，或者说无法使得我们更靠近树和植物，就像在人类身体上进行相应的思考那样。如果我们设想在人类身体上进行这样的思考，那么每根骨头、每块节骨、心脏的每个细胞、肺和肝都会获得属于它的位置，并且也说明了一个如何从另一个当中、向前和先后地“发展”出来，一个“变成”另一个，一个从另一个中产生，那我们对我们所理解的人类、对人、对纠缠在其故事中的人还一无所知。如果我们将目光从研究客体转向研究者，那么只有对身体进行所有这些思考的洞察的精神，以某种方式

属于这些思考并且目的在于发现原植物或原动物的研究者歌德才会使得与在故事中的纠缠者和与人类相应的东西出现。现在，种种研究和围绕研究的努力都落入歌德的故事之中，落入
134 他的同事及其同时代的人之中，这与歌德的《颜色学》（*Zur Farbenlehre*）一致，后者在同样的目光转向中让我们对围绕歌德的故事、对歌德的故事有所了解。

如同我们只能通过人的故事来寻找向人的通达，人的身体性之物从这些故事中才获得其整体中的位置和意义那样，如果人不是站在故事之上或者处在故事背后，人的身体就会是完全没有意义的，落入虚空之中，那么我们认为我们也只有通过树或植物或动物以纠缠在故事中的方式出现在我们面前，才能了解它们。在这里我们不打算局限在“获得通达（Zugang erhalten）”这个表达。树、植物和动物从一开始就作为在故事之中的纠缠者处在我们面前。在这里我们不打算取走这些故事，并研究之后剩下的东西，因为是故事将整体维系起来。我们无法像表述人类的故事那样表述这些故事。我们不得不满足于这一点，即这些故事就像某种遥远的音乐的声音一样向我们飘来，我们再也无法用音符的方式再现它，对此我们只能说它们是音乐，是引起我们兴趣的音乐，如同在我们花园里的悬铃木、玫瑰和菩提树作为熟人每天重新引起我们兴趣那样，如同在野外和森林里的树和动物引起我们兴趣那样，就像我们在路上遇到有故事的人那样。

在这里我们并不关心我们在其中所看到的树或者动物的本

真东西是否可以成为科学的对象或者系统科学的对象。人们会
反驳我们，说我们将动物、树和植物拟人化了。人们会将我们
的思考与人类的远古表象联系起来，他们将精神赋予动物和植
物，或者在动物和植物中，或者在它们的背后看到类似人类的
本质。我们还能想到与浪漫主义类似的东西，它们或许衔接上
这些表象。我们不打算否认我们的表象与这些表象类似的可能
性，并且对这种亲缘关系的研究或许会是值得的。对我们将动
物和植物拟人化的反对意见并不会妨碍到我们。如果我们将人 135
的存在把握为在故事之中的纠缠存在，一个在故事中的纠缠存
在，它就像在自己故事当中的纠缠存在那样出现在我们面前，
并且在这种情况下它已经可以显示出从表面上的可见一直到
不可理解的所有程度，如果我们之后进一步将这个故事中的纠
缠存在理解成对于身体而言第一性的东西，并且也贯彻坚持故
事中的纠缠存在的出现对于身体的出现而言是第一性的，以及
身体在故事中的纠缠存在的过程中才出现，那么将这些思考同
样延伸到动物界和植物界，以及所有在此以身体方式出现的东
西，并且在所有在这里作为身体出现的东西、作为动物和植物
的身体出现的东西上搜索内在之物、搜索它们的出现，就不再
是什么难事，就像我们最初会说的那样，动物故事和植物故事
同样构成了动物和植物本真的东西，就像人类的故事构成了人
类本真的东西那样。但是，正如我们把在这里所处理的出现着
的故事确定为人类的故事没有更多意义那样，正如我们完全无
法通过补充人类的而接近这些故事那样，正如这种补充并没有

作用于进一步解释故事到底是什么那样，同样地，补充动物的故事或者植物的故事并没有进一步澄清我们在这里可以将故事理解为什么。更确切地说，我们可以从在动物和植物那里所遇见的构造物的区别出发，一方面是或多或少显而易见的故事，另一方面是或多或少不可理解的故事。根据古老的哲学语言表达，我们也可以表述为动物和植物只能在故事的范畴下与我们相遇。在我们的想法中并没有哲学家所理解的范畴的位置，但或许我们可以尝试将哲学家们对此所想到的东西翻译成我们的说话方式。翻译大概要以这种方式进行：动物和植物的许多难以解释的故事出现在我们故事的延伸中，或者出现在我们故事的视域中，但不是作为对动物和植物而言的补充构造物，而是
136 作为构成了那些以动物或植物与我们相遇的东西之核心的构造物，尽管它们模糊不清。

在这里我们绝不畏惧谴责，即我们的研究也走向泛灵论、神话、浪漫主义的观点，或许也走向与诗人、画家或者其他艺术家的看法本质上相似的观点，即使我们也致力于去避免我们的观点和这样的观点之间的界限变得模糊不清。我们的努力仅仅在于在不受种种理论和科学观点的影响下抓住作为动物和植物出现着的构造物。这种确认不会导致构造物的僵化、石化，或者说无论如何这样的僵化、石化在任何时候都必须始终被标识为我们对构造物的歪曲。读者必须在任何时候都有能力将辅助描绘认清为辅助描绘，并将其擦除。

只有通过我们纠缠在其中的故事，才能通达我们自己。对

其他人的通达通过这些人纠缠在其中的故事而出现，相应地，对动物的通达通过它们的故事而出现，对植物的通达通过它们的故事而出现。在这里我们不能从外部去采用“通达”这个表达，因此我们更愿意用共同纠缠存在来代替通达这个表达，我们的出发点在于每个他人纠缠，包括动物和植物的纠缠，都只是在共同纠缠的基础上作为共同纠缠出现。动物、植物和在故事中的纠缠者一样，都不是由物质构成的。在何用之物那里说它们出自物质是有意义的。在故事中的纠缠者那里，这一点变得毫无意义。质料和质料性东西在故事中才出现，要出自故事才出现。

如果我们跟随着这些思考，那我们首先会怀疑以这种方式是否有可能弥合在动物和人类之间显然裂开的鸿沟，以及在动物、人类二者和植物之间或许更巨大的鸿沟。我们当然有同样的理由问，即我们在这里所理解或着眼的鸿沟是否已经在每个人之间，甚至在最亲近的朋友或亲戚之间展开。我们也许看到 137
这些鸿沟以及所有人们在此可以想到的东西，但我们认为，这些鸿沟向来都与铺设于其上的桥梁一起出现，并且只有与这些桥梁在一起才获得它们的最终意义。我们尝试通过共同纠缠存在去接近这些鸿沟和铺设于其上的桥梁，共同纠缠存在如同纠缠存在本身那样原初，并将鸿沟和桥梁包含于其中。例如当荷马描写奥德修斯与他的爱犬阿尔戈斯（Argos）在分离20年后重逢时，他可能看到这个在人类与动物的故事中的共同纠缠存在。作为乞丐的奥德修斯来到他的王宫，阿尔戈斯病弱不堪、虚弱地、被鄙视地躺卧在宫殿大门旁的大粪堆上。当奥德修斯靠近的时候，它首先抬起它的头，竖起耳朵。然后它再次认出它的主人。它摇着尾巴，耷拉着耳朵，但它太虚弱了，无法靠近自己的主人。奥德修斯看到了它并偷偷拭去眼泪。

荷马在这里所描写的正是我们尝试把握的人类与动物在故事之中的共同纠缠存在。我们在这里伴随着深渊同时看到人类与动物之间的桥梁。我们不仅仅把握到奥德修斯在这个故事中的纠缠存在，而且同时把握到阿尔戈斯在同一个故事中的纠缠存在，也就是说我们如同在同一个故事中直接把握到两个人的纠缠存在。当我们尝试分析已有的东西时，当我们以心理学家的方式自问狗是否有心灵、记忆、知性、理性时，种种困难才会出现。相比于共同纠缠存在在这里必然闪烁而言，所有这些问题都是次要的。如果我们怀着关于狗的心灵的先入为主的观点来着手处理这个荷马的故事，那我们只达到这个“确定不确定的”故事在其明确性与不明确性的混合中有其真正核心，它只在这种半明半暗当中，坠入尖锐的概念背后的深渊，甚至连它的一点内容都无法得到拯救。我们有意识地放弃更接近这个
138 故事，比荷马更接近这个故事，而是尝试像荷马看到它那样抓住它。于是这个故事并不是一个关于人类和动物共同纠缠存在的个别偶然故事，而是一个关于人类和动物在一个故事当中共同纠缠存在的寓言，是一个关于人类和动物之间的鸿沟以及在其上的桥梁的寓言；或者换个说法，是一座在动物性东西视域中的岛，就像我们所遇到的那样，它支撑或照亮了动物性东西

的整个领域。

人类宰食动物，人类互相杀害，动物互相迫害，这与人类和动物共同纠缠在故事之中、动物也彼此共同纠缠在故事之中的观点多么相配，又是一个自为的特殊问题，但我们也只能在故事之内、在故事的基础上对这个问题进行探讨。

139 # 第十三章

故事与时间

我们寻找在历史或故事当中的时间要素。在这里我们的出发点并不是我们一定要找到一些固定的东西、明确的东西，而是说如果我们发现一些摇摆不定、一直无法真正把握的东西，我们也会对此感到满足。我们暂时还不关心时间要素与我们通常所理解的时间有什么联系。

开端与终结这两个要素看起来与时间有着密切联系。对于我们来说引人注目的是，实际上个别故事并没有开端与终结，而是转化为前故事和后故事。如果我们追寻故事本身的发展，那我们就会发现一个类似现象——故事无法划分成时间段。故事或许有段落，但如果我们尝试在思想中抽出一个贯穿故事的横截面，那我们会发现故事并不承兑这个横截面。故事始终是领先于它自身，也是始终向后转的。戏剧划分为幕，故事划分为章，这并不取消故事的统一。或许值得更进一步地研究这种划分在故事的框架中意味着什么。段落经常会让我们想起暴风雨前的宁静或两股狂风之间的间隙。它属于故事，就像暴风雨前的宁静属于暴风雨那样。当剧院观众在节目结束后离开礼堂时，故事也在继续进行。紧接着的下一幕可能在一个完全不同的地方开始，在几周或几个月之后开始；但一如既往的是，间隙也属于故事，至少在视域中填满了故事。

在这里，对于被叙述的故事和我们自身纠缠在其中的故事来说，情况是一样的。在后者中，等待故事的发展，例如等待判决，如同判决本身那样都属于故事。每个故事都具有结构， 140
这样的结构不会把我们搞糊涂，仿佛故事只是在不规律的摇摆运动中进一步发展——钟摆的摆幅可大可小。在故事中，钟摆可能一直追溯到开端，并且提前就已经抓住了结局。所以我们认为故事的统一抵制被划分成时间间隔。在故事里我们无法在钟点（Uhrzeit）的意义上谈论当下和过去，也无法谈论未来。故事并不是从过去经过逐点的现在而发展到未来。更确切地说，故事有着不同的节奏（Rhythmus）。过去的东西在视域中在场，并且未来的东西又是以其他的方式朝各个方向在场。在这里，没有一个当下点在故事当中移动。故事并不是由一个自我（Ich）穿过的。当然在故事当中有以前和以后。但这个以前和以后是从意义关联中而来，并且仅仅建立在故事中的这个关联基础上。故事也有一个明确的方向。它就像一个单词、一个句子或者一段旋律那样无法颠倒过来。如果我们将一个单词颠倒来阅读，那这并不会再得出一个单词，这在句子、旋律和故事那里也是如此。我们或许必须与以下这一点区分开来，即也许可以从中间或者结尾去理解、展开一个故事。例如如果我们临近某个戏剧的演出结束时才听第三幕，那么之前发生的一切都一起出现了，尽管只是以特定的轮廓。也正是这一切的出现，第三幕才有意义。所以我们也可以从后向前以间隔段落的方式阅读一部小说。于是视域向前得到充实，就像作为前故事那样，如同我们按照顺序从前面开始阅读小说那样。所以我们实际上也始终只是以间隔段落的方式或片段的方式看到发生在我们周围的故事，在这里，段落和片段总是嵌入在视域中。如果两个人当着我们的面陷入争执，那这可能只是一个无关紧要
141 的争吵，但我们在视域中还看到，如果争吵着的双方是夫妻，那这段婚姻是不和谐的，这段婚姻或许不可能再有什么了。

就像我们可以寻找故事的开端，但却找不到一个真正的开端一样，我们也可以寻找我们自己生活故事中最初的故事。所以如果有这样一个开端，我们就会找到我们自己真正的出生时辰。但寻找这样一个开端是徒劳的，开端消失在视域当中。在这里，我们是否以某种方式尝试去给这个开端标注日期，我们是否说开端可能发生了例如30年、100年或者1000年，都是完全无关紧要的。如果开端消失在视域当中，这意味着在同样测量中每次测量都是无意义的，如同我们在空间的视域中寻找一个视域的开端或终点那样。我们发现，当我们专注于我们的历史或我们的故事时，我们自己年龄的这个视域并不是完全无定形的，或者无质性的。随着与我们当前故事之间的距离越来越长，我们的故事也获得了其他色彩。这个色彩是按照童年、少年、成年、老年而区分年龄的基础，并且是年龄的最后立足

点。就像人类成长那样，他们的故事也会成长，或者反过来说，故事及其视域的变化是谈论成长和年龄的最终基础。我们不能对视域这个表达感到太随意。如果我们的本己故事朝后地具有这种韵律，即它们从成人的故事变成少年的故事、童年的故事，甚至变成婴儿的故事，那么它会指向一个终点或开端，在这之前或之后，不再有位置给予出现着的故事。我们或许会有这样的印象，仿佛故事总是会变得越来越简单、越来越本原，除此之外不会再出现什么吸引人的东西。但或许我们会对此反驳说，我们越是继续追溯这些故事，它们对于我们而言就越是变得更难理解，并且由于难以理解作为孩子和儿童的我们 142
自己，所以我们不可能还去对这个视域的继续发展说一些肯定或否定的东西。

在将时间与故事联系起来，或者指出故事中的时间要素的所有尝试中，我们必须避免将关于时间的自然科学观点作为出发点。面对这样的尝试我们必须指出，这些时间观点涉及一个由故事才衍生出来的领域。所以如果我们打算研究故事本身是什么，以及时间在其中意味着什么，那这些时间观点就不可能是出发点。如果我们再次专注于本己纠缠，那么过去的故事并没有过去，只要我还是纠缠在其中，或者纠缠在它的延续中。在严格的意义上并没有过去了的故事，每个故事还能从它视域的位置中再次出现。正如过去的故事可以是当下的，并且必须是当下的才能成为我所纠缠在其中的故事那样，未来的故事必须已经是在当下视域中当下的，它甚至也可以是在过去故事中当下的，并且必须是作为未来的故事而在它们中当下的，由此一个故事大体上就是以此从过去的故事中形成。在这里，始终已经在过去中当下在场的未来始终超出每个当下，从任何意义上说超出每个当下。我们或许可以在个别情况下说：过去的故事从某一个显著点那里以不同于当时视域中所“计划”的方式发展至“今天”。这个过去故事的视域以不同方式充实着“今天”，这个视域始终超出今天。处于视域中显著点的今天也同时已经是过去，因为这个视域超出每个可设想的今天。当“过去的”故事迷住了我，当它们吸引住我的时候，那么在当时作为未来而处在视域中的所有一切都随着每个过去的故事一起出现。如果所有一切都变得与当时在视域中所预示的不一样，那
143 么只能以拆解视域的方式，拆解在视域中的曲线的方式，才能揭示出它们如何作为在每个被叙述的故事中指向未来的曲线。未来在过去的故事中经常一闪而过，过去在未来中一直是活生生的。在我们的意义上，所有故事都是当下的，我们还纠缠在其中，或者再次纠缠在其中。所以我们可以说，当下具有和我们总是纠缠在其中的，甚至是共同纠缠在其中的故事、过去和未来的故事相同的时间延伸。

现在，如果我们以某种方式，或许是以多种多样的方式共同纠缠在他人故事之中，共同纠缠在所有他人故事之中，那我们不仅仅是共同纠缠在美国总统、英国首相或者某个其他当今强权人物的故事之中，而且我们也共同纠缠在路德、卡尔，以及更遥远的这些伟人的故事之中，只要视域够得着，所有这些

故事都是当下的，在共同纠缠所及之处。这意味着我们今天仍然纠缠在这些故事之中，而且并不是以我们可能曾经纠缠在结束了的故事之中的方式，而是以这些故事仍未中止、还延伸到未来、还没结束、永远不会结束的方式纠缠在其中。以此过去和未来转变为当下，当下由过去和未来承担，就像我们也会说的，延伸到无穷当中。我们区别于传统的最终原因在于，我们是以故事和故事中的纠缠存在为出发点，而传统从认知行为、直观、思维、回忆、记忆出发。对传统而言，历史和故事都是一些在世界中的东西。对我们而言，世界与我们纠缠在其中的故事是同时发生的。对我们来说世界只是在故事之中，或者说首先是在个人纠缠或共同纠缠在其中的故事里。只要有纠缠，就有当下。个别故事总是作为整体而当下的，因为我们只是并且只能是纠缠在作为整体的故事之中。但个别故事又是通过前
故事和后故事而在视域中与所有故事相联系，根据我们不断指 144
出的所有维度与所有故事相联系。

传统的时间观点建立在将世界划分为客观世界和认识主体的基础之上。如果人们与我们一起将故事中的纠缠存在作为出发点，那么对时间的观点及对过去、当下和未来的谈论都随之而变。

如果我们将传统的关于时间和时间要素的谈论话语或者迄今为止的谈论话语与我们谈论的方式进行比较，那我们只强调对比是不够的。人们会要求我们去指出共同点。毕竟只有相同的东西才能使我们有权将习惯的词语、概念或者观点作为我们

研究的出发点或连接点。我们也可以从传统的时间观点开始，例如尝试证明时间在不同意义上被使用，来建立这种连接。于是人们将很可能获得一个与我们所使用的意义相类似的意义。我们或许更多地凭借感觉以这个连接为前提，但我们认为以这样的前研究给真正的考察或研究加重负担是不合目的的，并通过我们直接转向故事，尝试照亮在故事中的时间要素而尝试着手这一工作。在我们尽可能成功完成这一切后，我们也放弃再次将成果与传统的话语联系起来，因为根据我们的观点，这样一种处理方法是不值得的。所以我们有意识地去放弃回答这个问题，即从传统出发来看，我们也许在多大程度上有资格去将那些我们使其出现的东西称作当下、过去和未来。我们甚至容忍指责我们以这些表述并没有准确切中同样的东西，指责我们或许在其他意义上使用当下，因为我们并没有给出一个关于时间的固定学说，而只是打算首先与读者就这里出现的、起伏着
145 的、难以把握的东西达成共识。这里唯一相对稳定的点是故事以及在故事之中的纠缠存在，我们始终必须回到这一点上，为了能够使时间和时间要素出现。

第十四章 146

心灵论及其与我们研究的关系——在故事之中的纠缠存在与对故事的认识——清醒故事、梦故事、醉意故事、精神错乱故事、巫术故事

对我们而言，故事是某个不封闭整体中随着整体一起出现的自身可理解的最终部分，它导向了关于对自身可理解性的问题。就此而言，我们可以将故事根据它在我们思考中所处的位置比作自然科学的原子，特别是在现代自然科学中展现出来的原子，或者也可以比作细胞，甚至进一步比作细胞的最终部分。但我们并没有这么个印象，即对故事的钻研以及对故事的研究，如同我们进行的那样，是依靠在自然科学的学说上，而是认为在这里出现的部分和整体之间的关系也是建立在故事之上，嵌入到故事之中，并且故事是对于自然科学而言的典范和基础。我们在这里不再继续追查这个在我们的许多地方不由得产生的思想。在我们现在所处的关系中，它更确切地说应该只是一个形象或者导线，引导我们面对这个问题：我们是否通过在故事中的纠缠存在的方式恰当处理了人的存在到底是什么，

或者我们是否还能以其他方式、从其他方面更加接近或同样接近人的存在。在故事中我们遇到了那些人们在心灵论中理解为行为的东西。在心灵论中，例如人们区分思维、感受和意愿。这些区分是古老的。它们在现代心理学中得到了扩展、完善。人们尝试将感知和想象与思维区分开。属于真正的思维的应该是意指、问、猜测、思考、假设、判断、推断、论证、证实、
147 反驳、计数、计算、考察以及各种各样辅助操作，如精神把握、概括、区分、比较、区别［亚历山大•普凡德尔：《人的心灵（*Die Seele des Menschen*）》，第21页］，简言之，各种各样对对象进行精神操作的方式。所有这些思维活动都与对象相关。普凡德尔将这群精神运动概括为认识活动。

人们也许将感受理解为对某些事物，或者关于某些事物的喜悦、愉快、高兴、幸福的感受，以及与之相反的感受。这些感受活动与比如爱、友好、友善，及其对立面如恨、仇视、恶意的志向活动（Gesinnungsregung）相区分。此外，人们将对对象的感受执态（Stellungnahme）和价值感受都考虑进去。

人们或许又将精神活动的第三大类划分为对某个东西非任意的（unwillkürlich）追求、请求、愿望、希望、盼望和追求。这些活动的主要特征在于非任意的东西。与之相区分的又有自由行动的（freitätig）行为以及当中有意（willentlich）活动的作用。

与有意实践活动密切相关的应该是对约束性、规定、禁止的理解，所以在意愿当中包含了三个不同种类：任意的（willkürlich）实践活动、有意的实践活动和法理学的活动。我

们迄今为止所讨论的所有这些精神活动都应该与对象相关。它们可以是及物的，只要它们从精神主体那里朝一个直线方向超出自己的精神领域。它们又可以回流到同一个精神主体中，然后被理解为反身的精神运动。

除了这三种主要活动，精神所处于其中的情绪也是有区别的，而情绪与对象并没有直接关系。所以主体可以是欢快的、开朗的、高兴的、热烈的、愉快的、满足的，或者是悲伤的、沮丧的、闷闷不乐的。

本欲（Trieb）与这些活动有着特殊关系，人们又尝试将其划分为半本欲和防卫本欲、实现本欲、行动本欲和活动本欲、权力本欲、生的本欲。

现在我们尝试将心灵的图像与我们的图像、在故事中的 148
纠缠存在的图像做比较。我们又可以在故事中找到在这里的谈论的所有一切，或者至少我们可以在故事中查明这些谈论话语的起因。对于一些活动来说，我们可能找不到位置。所以作为心灵行为的感知和想象的学说也许会转化成关于在故事当中出现和以故事方式出现的学说，而不另外留下空间以留给心灵与对象之间的区分，特别是心灵活动。因此，对思维的谈论转化为对结构和关联的出现的谈论。如果我们正确地看到这个出现与纠缠存在是密切相连的，那么在这里就会出现关于纠缠存在和认识之间的关系问题。如果纠缠存在是最终的东西，那么关于认识的问题就失去了它原来的意义，并且以此关于思维和感知的认识价值的问题也失去了它原来的意义。我们并不是首先认识一个故事，然后纠缠在它其中，而是纠缠存在就是最终不可分的东西。去询问纠缠存在的真值问题是没有意义的。如同人们纠缠在故事中一样，故事存在着。第三者永远无法像体验着、曾经体验过故事的人那样近地接近它。对故事的调查也只是在我们故事、他人故事的框架内进行，如同我们已经尝试详细说明的那样。

在感受活动那里，情况会不同吗？感受活动，或者它所说的东西，快乐、悲哀、爱、恨只是出现在我们纠缠在其中的故事里。它们无法像手里的钟表的方式那样被确定为心灵活动。将它们谈论作心灵状态或心灵活动是没有意义的。我们也不想说它们是我们故事的色彩。我们也无法比在故事中更接近它们，它们参与进这些故事中的难以把握的东西。如果我们打算接近爱是什么，那么这只有通过大量的爱的故事才是可能的；
149 如果我们打算接近恨是什么，那么这只有通过大量的恨的故事才是可能的，并且主要是通过我们自己的爱的故事、恨的故事。但在这里，我们并不会认为我们靠近爱、恨的对象或者概念。即使我们反思我们自己的爱、恨，我们还是纠缠在故事之中，尽管我们仿佛作为一个他者那样面对我们。于是我们大概会来到第三者的位置，但他也只有通过共同纠缠而通达爱的故事。没有纠缠存在、没有共同纠缠存在，就无法通达爱，这种纠缠存在和共同纠缠存在始终是在故事之中的纠缠存在。

在意志活动那里也是这样。承诺、命令、放弃、原谅、决定、告知所是的一切都只能出现在故事的关联中。它不可能脱离故事，并且只存在于故事之中。如果我们尝试将它从故事中分离出来，我不敢确定最后还留在人们手中的东西是什么。这让人想起例如植物标本和花园之间的比较，或者是尸体和活生生的身体之间的比较。例如如果人们打算将某些东西，例如爱把握为感受活动，而不是在历史中、在故事中，并且最终在自己的故事中寻找它，那么区别会是相似的。或许我们也可以回想起尝试在干旱的地方练习游泳，而不是在水里尝试。

我也不相信会有妥协，即人们仍然能以某种方式挽救留给心理学意义上的心灵论的位置。人们越是在心理学意义上研究心灵，人们就越是远离作为在故事之中的纠缠存在的心灵。

我们作为我或者我们而纠缠在其中的故事，或者我们也还以某种方式共同纠缠在其中的他人故事，构成了我们与爱、恨、快乐、悲伤和一切所谓的感受活动相遇的起源。当我们谈论爱、恨、快乐和悲伤一般的时候，这只能涉及在视域中出现的大量故事，而且也始终涉及我们以某种方式纠缠在其中的故 150
事。如果我们根据爱的故事、恨的故事、悲伤的故事、快乐的故事来划分故事，那么这一切始终只是在故事上的要素。在背后既没有一些像爱和恨、快乐和悲伤等实质性的东西——它是某些自为的独立性的东西并且进入故事中，而且它们也不作为独立的构造物而从故事之中产生。它们只是在故事中。我们不能将在故事之中的纠缠存在与故事的认识相分离。人们打算或者能够以故事的认识所切中的东西始终只是在故事之中的纠缠存在。在纠缠存在附近或者在纠缠存在之中都没有现实性与非现实性、真与假之间的区别。我们并非首先认识某些东西然后纠缠在其中，而是认识和纠缠存在就是一码事，或者就像我们更愿意说：出现和纠缠存在就是一码事。说我们纠缠在其中的东西不现实是没有意义的。这是将纠缠存在和故事的统一废除或者分离的尝试，而这是不可能的。纠缠存在不是添加到故事的东西，而是它才使得故事成为故事。说所有我们纠缠在其中的东西不是真的，也是没有意义的。只要我们纠缠在故事之中，我们一纠缠在故事之中，它就是真的。

我们无法从外部以现实性和真理的标准去衡量故事。种种标准只有在故事里才获得含义，在故事里才能进行修正。在这里看起来，修正可能是从外面而来的。我们可以在这里参考那些我们关于故事的出现、关于讲故事和听故事、关于故事的自身叙述所详细解释的一切。在这里我们拒绝机械论的观察方法，即故事仿佛能够从外部出现。我们认为，在这里我们只能说故事出现了，同时将我们纠缠进去。这种纠缠与我们纠缠在
151 其中的东西的真与假没什么关系，如同纠缠在我们认为是完全真的和不可辩驳的东西里那样，我们同样能够在怀疑、猜测、希望、担心中纠缠在故事里。怀疑与相信的持续更替、从希望向绝望的过渡、从恐惧向拯救恐惧的过渡，这些可能性都属于故事，以及属于故事之中的纠缠存在。昨天被认作现实的可能在今天就被反驳，并且在明天又会是快乐和悲伤的现实。在故事的框架中，这一切都有位置。但当人们以旁观者或局外者的眼光来观察它时，人们就歪曲了图像。对于纠缠在故事之中的

人来说，局外者是否知道得更好、是否知道得不一样并没有用。这个局外者并不是最后的标准，而是说他又一次纠缠在他的故事之中，这个故事与其他人的故事处于一个往往难以割裂的关系中。他或许对所有一切知道得更好、更可靠。但是他或许并没有使用他的知识，因为他担心，或者因为他想损害或激怒其他人，或者那使他坐立不安。所有这一切都属于其他人的故事。但是如果旁观者插手到故事之中，如果他弄清楚、驱赶忧虑，如果他能让担忧变得毫无理由，那么在第一个故事的基础上或许建立起一个在我们故事当中的延续。关于现实性与非现实性、真与假的思考同样也适用于我们故事，我们在任何时候都无法从这个环里走出来。因此一个病人可能早已感到不适，逐渐纠缠入严重疾病的故事之中，以及属于这样一种故事的所有一切，伴随着对自身、对其家庭的担忧，伴随着对疾病后果的担忧。他去找医生。医生说明病人的不适，使其看起来对病人无害。他开了药，病人感觉康复了。他所纠缠在其中的故事起了另一种变化，出现的担忧在背景中消失。但是在几天后，老状况又恶化了。他去找另一位医生。这位医生露出严肃的表情，声明必须进行手术。在原来的故事中又出现了骤变。病人尝试去找第三位医生。这位医生做了一个小手术，疾病和 152
疼痛就像被吹走了一样。疾病故事结束了。但也许三位医生都弄错了。或许当第三位医生介入时，疾病已经自然结束了。

现在人们或许会反驳我们，即使不是在所有情况下，在大多数情况下疾病的故事通过杰出专家肯定还是能够得到客观解释。于是专家们看起来像主管机关那样，在他们面前，现实性和非现实性、真与假是显而易见的。但我们也是在故事延续的角度下看专家的。

或许这些思考可以让我们搞清楚梦是什么，同时还能对我们的思考提供支撑。在梦里我们纠缠在故事之中，当我们醒来时纠缠会突然停止。情况让我们回想起一个在随着进程而修正自身的故事中的纠缠存在。故事以某种方式在清醒中延续着，并且在清醒中修正自身。

对梦、睡眠的全面研究还需要更深入地探究。所以梦故事可能与现实故事是不可分割的，或者我们更愿意说，与我们在清醒下纠缠在其中的故事密不可分，以至于两者一起才构成完整的故事。从这个角度，我们可以更接近在第五幕第一场中的麦克白夫人的梦。她在沉睡中漫步着，在女佣和她的医生眼前做梦。她做出洗手的动作，尝试洗掉血迹。她在这里所纠缠在其中的梦故事，本身也可能是一个沉重的梦，她可以从梦中苏醒而得到解放。麦克白夫人的梦从现实、从她在清醒下所纠缠在其中的故事里吸取它的沉重。她的梦里并没有救赎的苏醒，的确，在梦故事中的纠缠可能比在现实故事中的纠缠更不幸、
153 更糟糕。梦中的夫人比清醒着的夫人更加无助地听任梦故事的摆布。在麦克白夫人的总体故事中，这个梦对于夫人而言具有更深的含义，即对于她而言不再有“那清白的睡眠，把忧虑的乱丝编织起来的睡眠，那日常的死亡、疲劳者的沐浴、受伤的心灵的油膏、大自然的最丰盛的菜肴、生命的盛筵上主要的营

养”（《麦克白》，第二幕，第二场）[1]。但即便如此，总体故事最深层的基础还是没找到。我们或许也可以这么说，夫人以梦和清醒状态为一体的方式，或者以做梦比清醒状态还要可怕的方式纠缠在她的故事之中。她害怕在梦中苏醒，如同害怕在入睡和清醒时做梦那样。相比起在清醒下，她在梦中只是听任于另一个魔鬼的摆布，并且可能还是一个更加可怕的魔鬼。

如果我们在故事之中的纠缠存在的视角下着手清醒和做梦的区别，那么就像麦克白夫人的故事所显示的那样，界限可能是完全模糊的，梦和清醒会是同一回事。然而我们是否有权将夫人的梦和其他人的梦相提并论，是否能对二者使用同样的名称，都是成问题的。如果我们质疑这一点，那么在清醒和做梦之间，在清醒故事或现实故事中的纠缠存在和在梦故事中的纠缠存在之间的尖锐区别，可能就像感知、幻觉和错觉之间的区别那样无法维持。当我们清醒的时候，我们也总是纠缠在梦故事中，或者被它们缠身；而在我们做梦的时候，同样也纠缠在清醒故事之中。当我们清醒的时候，我们显然总是能够以其所有维度的方式纠缠在许多故事之中，或者被它们缠身，同样地，在梦中也会纠缠在梦故事里，没有什么比这一点更加不可思议了。对于这些问题我们大概可以从《麦克白》和《哈姆雷特》那里了解到更多，比起其他对这些问题所撰写的一切都了解得多。当我们在这里谈论幻觉、错觉时，我们在这里首先想

① 威廉·莎士比亚：《麦克白》，朱生豪译，南京：译林出版社，2013年。——译者注

到产生幻觉的故事，例如《麦克白》，第三幕，第四场。

154 从这些故事那里，我们只需要迈出一小步，就来到疯子的故事世界。疯子所纠缠在其中或者受其缠身的故事也还是故事。我们正常人可以将它们理解为故事。故事本身仍然是充满意义的，而且自身是相互关联的。我们或许能够在它们当中，又能在它们那里区分和找到我们在正常人的故事那里所找到的一切，例如前故事和后故事、前景和背景、本己故事和他人故事，即使是以一种特殊的变形方式：在这里，变形种类可能是对于谈论不同种类精神错乱的基础。

在这里，如果我们把手放在心上诚实地说，那我们或许也不得不以不同于传统的方式来划分正常人与疯子。如果我们想起群体性癫狂和迷信，那么健康人或正常人故事的区域，或者无论人们怎么表达，都会越来越狭窄。但我们连这些极端情况都不用考虑。如果我们在上文里敢说人们在清醒中也还能纠缠在梦故事里，那人们也可以说正常人也还始终纠缠在按照疯子或狂人的故事种类而言的故事里，或许差别只在于没有完全纠缠在其中，且成功摆脱魔力。醉意（Rausch）将我们纠缠于其中的故事也属于此。例如我们会想起陀思妥耶夫斯基的白痴故事，想起普拉林斯基（Pralinski）[1]所纠缠在其中的故事。梦是什么，疯狂是什么，醉是什么，只有借助于故事、通过故事而弄清楚，而不是通过肉体的变化、麻醉品及其成分。通向这些

---

① 陀思妥耶夫斯基小说《一件糟心的事》中的主人公。——译者注

构造物的唯一理解途径只有通过故事。麻醉品本身和肉体变化只有通过被接纳在故事中才在故事中获得一席之地，并以此获得其真正含义。

我们也只有通过故事才能接近人们打算以魔术和巫术来切
中的东西。在这里，看起来故事、梦故事、精神错乱故事、醉 155
意故事和巫术故事之间有着密切关联。如果我们从大量故事出发，那可能根本无法将这些构造物分开。这种分离或许是以外部的观察角度和特征为根据的，它们无法达到深处。如果我们在生活于巫术时代的原始民族和我们之间划清界限，并且看一看在一些迷信想法中距离我们遥远的巫术时代的模糊不清、荒谬的残余物，那么这样的观点可能也要被加以修正，即不是我们四处张望寻找这个时代的其他残余物，而是我们自问我们伴随着我们的故事是否仍然处在巫术时代。在这里我们当然要注意不能根据外表来确定巫术时代，而只能根据从内在出发理解的故事的丰富内容来确定。

然而问题在于，对所有这些构造物的阐明是否可能是某个科学的事业，还是要听凭诗人或先知，甚至是听凭哲学家来指导澄清，而从事科学的人则仅局限在做注释评论。

如果我们能够由诗人引导，那么我们会在伟大的故事中，在最有分量的故事中，例如在《哈姆雷特》《麦克白》《浮士德》中，找到清醒故事和梦故事、精神错乱故事和巫术故事如何堆砌成一个伟大的总体故事，在莎士比亚那里是强烈地、狂野地、喷涌而出地，而在歌德那里或许更多地是在秩序中、在尺度中。这些故事在我们的意义上延伸到最终现实性，如果人们拂去梦、疯狂、巫术，或者将它们认为是装饰品，那么人们就从这些故事中取走了最深刻的意义。故事是一个巨大整体，如果我们没有将按照通常的语言使用而言不可理解的东西，没有将诗人赋予它们的梦、疯狂、巫术一起纳入故事之中，那它们就在我们的意义上变得不可理解。我们分离本己故事、他
156 人故事、本己纠缠、他人纠缠、自我纠缠、我们纠缠的尝试，对于在故事中找到路径而言，追溯发现将这些故事固定在一起的结构而言，只会起到微弱帮助。奥菲利娅（Ophelien）的精神错乱属于她的故事。与麦克白夫人纠缠在她的梦故事中不一样，她在不同意义上纠缠在她的精神错乱故事中。人们或许会觉得她仿佛不再受苦，仿佛她的疯狂已经从难以忍受的痛苦中解脱。她的疯狂不像麦克白夫人所听任摆布的梦故事那样使我们震惊悲痛。但救赎了奥菲利娅的疯狂同时属于哈姆雷特的故事，并且使哈姆雷特的情况变成真正绝望的情况。麦克白夫人的医生认为，在这里只有神父还能帮上忙。医生、神父都帮不了哈姆雷特。尽管他的罪责微不足道，但他的情况远离这些安慰和拯救的源泉。

在这里，我们无法再进一步追寻清醒故事和其他故事的关系和内在关联。我们的努力只是借助诗人和先知在我们所纠缠于其中的故事视角下，对这个或许是取之不尽的领域进行探究的一个最初尝试。

现在我们又转向清醒故事的区域，并且在这些故事那里从

另一方面询问关于现实性与非现实性、真与假的问题。

在这里，我们或许可以区分外在世界和内在世界，或者区
分心灵的外部和内部，然后承认在故事中作为外在世界出现的
所有一切都处于故事之内。在现实性与非现实性、真与假的彼
岸，为了故事的内在建立不得不接纳在故事之内，就像它所出
现的那样，而不考虑真与假、现实性与非现实性；但特别是像
快乐与悲伤、爱与恨的感受，就像它们出现在故事中那样，或
者也像怀疑与相信、担心与畏惧的观点，都是最终的现实性，
而体验故事的人，纠缠在故事之中的人，在这里都是纠缠在现
实当中。这种现实性绝不可能从外部审查。关于在故事框架中
的是悲伤、快乐、爱、恨还是怀疑，最终的法官可能始终只是 157
纠缠者。但他在这里至少是完全不同于专家委员会意义上的一
个最终主管机关。我不想承认这一点。在我看来，如果人们仍
然拘泥于这个表达，那人们似乎没看到这些感受活动的故事，
没看到它们与总体故事的关联，并且如果无法摆脱客体，就像
心理学所看的客体那样，即或多或少停留在瞬间活动那里，而
没看到人们最终把握在手里的东西并不关键。一旦人们打算在
现实性的观察视角下将悲伤和快乐、爱和恨、相信和怀疑客观
化，那人们手里掌握的东西就完全不同于在故事中出现的东
西。一旦某个人问自己是真的伤心、真的快乐吗，他是真的爱
或恨吗，真的相信或者怀疑吗，那么他将因回答而难住，因为
他找不到他所寻找的东西，特别是不能在他所找的地方找到。
没有什么能比通过在故事中的纠缠存在更接近这些表达所要揭

示的东西。没有人能回答他是真的悲伤、快乐吗，他是真的爱或恨吗，真的相信或者怀疑吗。如果这指的是一个瞬间状态，那么他无法给出回答。如果这指的是一个状态或者活动的相继出现，他其实也无法给出回答。他只能参考他所纠缠在其中的故事，参考这些故事的独特存在，谈论这些活动的基础必须在这些故事中寻找，并且无法将这些活动从故事中分离出来，正如我们无法尝试将少年维特的爱把握为一种在他故事之外、在他整个故事之外、伴随其前故事的他的总体故事之外的心理活动，并从中收获。

第十五章 158

在故事之中的纠缠存在与行动——因果关系和自由

或许最困难的是区分故事中的行动和故事中的纠缠存在。纠缠存在和行动不是同一回事吗，或者至少密切相关地相似吧？我们认为，行动也只存在于故事之中，必须要与在故事之中的纠缠存在相区分。人始终纠缠在整个故事之中，行动只涉及故事中的要素。人并非通过行动来超越故事、突出故事，而是行动嵌入到故事之中，属于故事的进程。在它出现的地方，它就已经在故事中准备好了。它可能经常构成故事中的一部分，但它是以从故事中出现的方式、从这个伴随着许多维度的独特构造物中出现的方式构成的，我们尝试从各方面更进一步接近该构造物。我们可以追查这个在故事中的嵌入存在，这个在故事中的行动的交织存在，就像我们可以追查故事中的要素那样。

奥德修斯陷入独眼巨人的洞穴。他和12个同伴落入陷阱里。22辆强力马车套在一起都无法拖走的一块巨石堵在洞口，直到奥德修斯和他的12个同伴被食人怪吃掉为止。

现在，如果我们首先从外部以旁观者或读者的目光追查这个故事，那在这里关于解救、报仇的计划在视域中出现了，就像荷马说的。这些在视域里出现的计划一起属于故事的存在，它们也浮现在读者或者旁观者面前。他一起致力于解决的办法。一些人可能尝试朝分开二人的巨大深渊对面的主人公大声说出他关于必定发生的事情的意见，就好像在戏剧表演那里，一个活泼的小孩尝试向小丑警告他所看到的即将到来的危险
159 那样。这些使故事领先于自身的计划属于故事，故事并非直线地伸展，而是向我们已经尝试表明的所有维度伸展。这些计划如同出现在奥德修斯身上那样出现在旁观者身上。他可以在夜里用他的剑挖开巨人的胸口，那里是横膈膜和肝脏的交会处，但这样他会牺牲他自己，并将他的伙伴置于可怕的死亡中。他们确实无法从高处的洞口卸走巨石，巨人将巨石推到了洞口前面。最后从所有的计划中显露出一个预兆着解救的计划。我们必须使得巨人喝醉，在酒醉后挖出巨人眼睛，并尝试在白天与羊群一起离开洞穴。直到这里，计划就像一道数学算题，或者一项技术任务那样，例如用金属制造两个环，并在不产生接口的情况下连接它们。在这样一项技术任务那里，一旦找到解决办法，就会几乎不知不觉地转化为执行。执行以解决办法为先决条件。但是在解决办法那里，执行已经处在视域中。任务的解决办法和执行构成了统一整体的部分，两者不可分割。在整个关联中有某些东西、要素，而人们有权去谈论行动和执行，但无法划出一条线条分明的分界线。当解决可能性总的来说确

定后，人们就可以开始执行。在执行中可能产生困难，使解决办法发生变化。人们可能不得不再次后退。

所有这一切都在视域的出现和分解中出现。在任何地方，理论的解决办法和实际执行都无法分离。两者都属于故事，两者始终属于故事。我们无法将执行、行动、行为理解成对外在世界的进程或发生的介入，因为外在世界本身向来已经属于故事。它在介入之前并不存在，而是在干预中持续形成自己、维持自己，就像我们在第一部分围绕活动着的感知所尝试指出的 160
那样。故事并不随着这个行为而开始。这个行为也并不超出故事，而永远是故事中的一个要素。

在奥德修斯和独眼巨人的故事中，奥德修斯的行动同样融入故事之中，就像每个行为融入故事之中那样。情况的特殊性只在于，随着这个行为——不同于将两个环相互进行技术连接的情况——甚至在这个行为之前，开启了新的、几乎不可一目了然的视域——奥德修斯拿他的生命当儿戏，拿他伙伴的生命当儿戏。他们的毁灭或死亡都处在视域中，他们的死亡在通常情况下也是确定无疑的，但他们现在伴随着对成功的渺茫希望、对解救的渺茫希望而提前挑战死亡。抓阄决定了谁要参与这个拯救尝试。奥德修斯本人自愿参加，根据他的故事，这是自明的。

首先我们习惯于将伴随着这种背景的行为称作行为。在这里，这并不始终关系到生与死。婚姻、自由、财产可以出现在同样的关联中。但所有这一切只能出现在故事之中，只能通过故事出现，在故事之外就没有任何意义，而只有在伴随前故事和后故事的故事中、伴随其种种维度和视域的故事中、伴随着前景和背景的故事中、在不断超出自身的故事中、在过去和未来都在里面的故事中才有意义。这只能出现在某个人所纠缠在其中的故事里。在这里，我们也并不认为纠缠存在和活动（Tätigsein）、纠缠存在和行动是同一回事，而是说纠缠存在始终涉及伴随着前故事和后故事的整个故事，涉及全部故事的整体，然而活动和行动只构成故事中的一个要素。

人或者心灵在它纠缠进故事之前曾是什么，或者如果心灵不再纠缠进故事之中将是什么的问题，对于我们来说毫无意义，因为在故事之中的纠缠存在（In-Geschichten-Verstricktsein）是关于人类或心灵一切谈论的基础。如果我们探索我们故事的视域，那我们找不到什么能够比作一个开端的。
161 我们也无法问为什么我们恰好是纠缠在这个我们的故事之中。我们无法将纠缠者从他的故事中抽离出来，也无法将他在可辨认的意义上放进另一个故事的总体中。我们也无法从我们所谓的过去中的总体故事那里抽离出一个个别故事，然后自问如果我们抹去故事，那会怎么样。个别故事并不是像树木通过它的根与土地联系起来那样与总体故事联系起来，而是像树干与树根的联系那样。如果人们抽取出故事，那并不产生可以再次被填满的窟窿。

然而我们会经常问，如果这个或那个没有发生，那会发生什么，并且以此与之相关联的问题出现了，即因为其他事情已经这样发生了，所以接下来要发生什么，我们将尝试去弄清楚这个问题的意义。我们认为，在故事的视角下，过去和未来无法通过一个意味着当下的横截面而平分。故事始终先于自身，始终生根于过去。它在不知不觉中进入前故事和后故事。在它那里并没有当下意义上的，而只有在未来视域的建立和拆解意义上的静止点（Ruhepunkt）。当我们问如果我们能够从我们的生活中抹去一个故事会发生什么时，那只有当我们至少在思想中也撤销掉所有其他我们同时纠缠在其中的故事时，当我们至少在思想中撤销掉所有自从那以来发生的一切时，并尝试从相关的时间点出发去占据我们如今在我们纠缠于其中的故事的现时当下中所占据的位置时，这个问题才有意义。就像任何时候关于我们纠缠在其中的故事的未来含糊地、幽灵般地处在我们面前那样，那个时候的未来又是含糊地、幽灵般地从假设的固定点那里处在我们面前。

有些人会说，假如我们在10年前就知道今天我们所知道
的，那我们会做出一些改变，这没有什么意义，我们的搭档和 162
对手也改变了许多。对于过去而言，我们同样有理由说，如果我们没有过去十年中所体验的经验而又纠缠在相同的故事中，那故事又恰好像实际上进行的那样进行。实际上这样的问题的确可能是多余的，因为不可能得到验证。

过去的故事看起来给人以这样一种印象，仿佛它们是必然进行了的，相反，未来会给人的印象是，仿佛所有可能性仍然是敞开着的。但这种表面印象经不起检验。未来、新的时间已

经接二连三在过去中一闪而过。如果没有这种在过去中作为或近或远的未来，作为视域中的未来的一闪而过，那根本就没有未来。就我们的观点而言，这就是最终意义，故事在任何时候都是先于自身的。相反，如果过去不是始终保留在未来里、一起被拖入未来里，就不会有过去。过去和未来在历史和故事中不断相互渗透。没有这种相互渗透，去谈论故事和故事中的过去、未来就没有意义。

如果我们对过去的故事感到懊悔或失望，或者如果我们对过去的故事感到自豪，那么懊悔、失望、自豪都不是关于这些故事的某个感受，而实际上只关系到后故事、关系到故事的延续。如果我们就过去的故事被追究责任，那这也只是过去故事的延续，它对于我们而言，对于第三者而言已经作为后故事出现在视域里，作为过去故事的最初萌芽而展开。我们不能用因果关系和意志自由、命定论、可预见性的传统概念或构造物，或者在其他领域上以罪与罚的传统概念来把握构造物故事。它
163 们不构成我们能用来衡量这个构造物的标准。或许我们可以尝试在故事内追溯这些关于因果关系和自由的问题起源，并尝试澄清我们首先在哪里遇到它们，我们遇到这些问题的动机和内容。这样的研究是否值得，则是另一个问题。在我看来，我们无法以这样一种研究使我们更接近故事本身，无法进一步理解历史本身，而这些构造物，如同我们在传统中发现的那样，无法在澄清故事和历史中占据中心位置。

第十六章 164

对故事之外是否会有什么的问题概况

在自我故事和我们故事之外、在存在于和只能存在于故事之中的东西之外，是否还有什么自为存在的东西，对于我们而言，这个问题以不同关联方式出现。在这里我们还会有这样的印象，这是不容拒绝的问题。我们尝试就这些问题以及它们出现在哪些地方提供一个梗概。我们并不以此带来什么新的东西，这只是一个概述。

按照过去的说法，我们早已可以在进行着的感知中指出引起关于心灵之外的问题的要素。这个问题对于我们而言或许是无意义的，因为对于我们而言最终的东西不是心灵，而是在故事之中的纠缠存在。在进行着的感知中进行抵抗的东西并不是外在于故事的，而是在故事之中的一个要素，如果我们恰当地看待。

在同一方向的另一处，故事的外部以时间现象的方式出现。这个现象以伴随着纠缠者、自我纠缠者和我们纠缠者的方式与我们相遇，在故事中以年龄的方式与我们相遇。在这里，年龄的特有现象在没有真正开端的情况下与我们相遇。人类、动物，类似地还有植物，都在一个年龄中出现，但并不是说我们可以找到这个年龄的开端，而是说我们发现了显著点，在此期间，关于真正开端的问题只能通过参考开端消失在其中的视域现象而得到回答。在自我故事那里是这样，在我们故事那里是这样。我们在这里所发现的东西看起来也以某种方式适用于我们遇到的动物、植物，如同它们出现在我们的故事中那样。

165 我们在何用之物上也发现类似现象，它们也有一个伴随着显著点的年龄，但如果我们考虑到计划或发明在躯体诞生前、创造前，并且每个计划或发明又追溯参考过去的计划、发明，而它们最终都消失在视域中，那么在年龄这里我们永远找不到一个真正的开端。

但如果我们就物质提出同样的年龄问题，那看起来在这里首先出现一个不同的图像。我们或许首先可以以这种方式表达这种区别，即物质或“出自物”要求以永恒存在物（Ewigdagewesenseins）的方式出现。以此，物质仿佛从故事中脱离，或者说在故事性生物出现之前无机世界就已经存在了。但这样思考的前提是，我们在比较的时候，在两种思考中使用相同意义上的年龄或时间这个表达。在我看来情况不是这样的。物质的永恒性与年龄之间的关系没这么简单，即它是年龄的延长，在我看来它与年龄是不可比较的。这种说法的最终基础在于人们将物质独立化并将其理解为永恒不变的。以此人们可能不得不赋予它永恒性的谓项，但人们忽略了它并没有随着这个谓项进入故事之中，且无法进入故事之中。如果人们和我们一起看到了物质在故事中的诞生时刻，尤其是在完成和创造中，那在诞生时刻的它就已经始终出现在先前存在物（Vorhergewesenseins）的视域中。但它只有在故事中才获得这种视域特征。谈论一个先行于所有故事的物质是没有意义的，我们只能谈论在所有故事中已经作为始终是往昔之物（Dagewesen）而出现在视域中的物质，这个视域属于故事，并不处在故事之外。

我们远离于将这些思考认为是简单的、容易理解的。这只关系到试图调和在这里出现的矛盾或对立。

当我们自为地沉思整个外在世界是如何围绕我们，作为 166
当下的世界如何围绕我们，或者作为世界如何与我们一起移动及如何与我们一起走过时间，那么关于故事之外的问题又以不同方式出现。例如我们可以问，这个世界、地球、太阳、月亮和星星，当它们不被思考的时候，是否也不存在。但在这里，它或许关系到一个虚假问题，我们能够轻易看穿它。对我们而言，世界并不分离为存在与思维，而是这个世界虽然只是处在故事之中、关于故事的，但是以发生在故事之中的方式，世界永远处在自我故事和我们故事之中。询问在这些故事之外的存在毫无意义。在故事之中的这个存在也在所有的理解变化中保持自身。出现在故事中的种种修正也属于故事之中，它们仿佛具有追溯效力的力量，一直到或许通过其他新的修正而再次被替换。

关于太阳和月亮到底是什么的观点，在我们故事的进程中变化着。这种变化可能也相应于自我故事进程中的变化。这不禁让人想起与发展史中的命题的相似之处，即每一个有机生物在其发展中都重复了有机体一般的发展，关于这种相似之处的最终意义或许还能说得更多。我们也并不是要说在我们故事当中的太阳和月亮在某种意义上是一致的，而只是说理解在我们故事当中在持续修正和变化，在这当中有某种东西经受住了。这会让我们想到这么一种情况，即我们最初只是听到一个关于某个居住在遥远国度的著名人物的传说传闻，这些传闻逐渐变得更加详细，并浓缩成一个完整的生平传记，一直到我们最后遇到亲眼见到这位传奇人物的人。当然在这些修正那里，并不总是说最后实证的种种认识展示出一个最终的修正。最初的传说或许恰好能够作为复述这位人
167 物某些东西的传说，复述最近的报道者根据他所生活在其中的视域而无法理解、把握的东西。

类似地我们也会问，在地球上或世界里是否没有事情过程是处在任何自我故事和我们故事之外的。一场在阿尔卑斯山摧毁了某个村庄的雪崩以某种方式载入这个村庄的故事中，载入我们故事中。一场落向无人地带的雪崩、落向一个可能既有动物又有植物地区的雪崩、落向山谷的雪崩，首先看起来都外在于每个故事、每个自我故事和每个我们故事之外。尽管如此，我们认为在我们的故事视域中、在刚性系统的视域中预留了一个位置给它——我们在第一部分已经谈论过这个刚性系统。所

以我们可以将这场雪崩比作一场遥远距离的地震，在刚性系统中，刚过去的余震还会一直穿透到我们这。类似地，一个视域中的位置、一个故事的位置、一个故事中的位置，已经为在故事系统中星界里最遥远的变化和事件过程做好了准备。至于将星界中的这些事情过程和事件追溯到数以万计、数以亿计年前有什么意义，在这里我们不打算研究。这个问题又与这样的问题相类似，即在区别于故事时间、不同于我们时间（Wirzeit）中谈论世界时间有什么意义。

在迄今为止的观察中，我们始终是以个体、具体的事情过程出发，并尝试澄清谈论故事之外的这些事情过程是否有意义。

但我们还能以另一种方式，通过种种概念和普遍对象的方式尝试到达故事之外。如果有这些概念和普遍对象，那它们会挣脱开故事的框架。看起来有某些东西以观念、概念、普遍对象的方式出现在故事之中，而它们也可能在这些故事之外具有一个位置，以一种独立、特有的方式存在于故事之外。我们已经在第一部分里研究过这个普遍对象的问题。我们已经在好多领域研究了那些看起来要求是超出故事、超出我们的自我故事 168
和我们故事的意义上的普遍的东西。我们已经研究我们可以在什么意义上谈论狮子的属、自行车的属、何用之物的属、三角形的属，并发现在这些表达中，我们始终只是以概括的方式涉及狮子具体的种、自行车的系列、在故事中出现的何用之物，就像人们以古老的说法所表达的那样；或者在这里只是个体的不封闭系列出现在我们面前，就像我们一开始表达的那样；或者说这一切，正如我们现在想表达的，只出现在故事之中，正如所有其他一切都出现、发生在故事之中那样，在我们所纠缠在其中的故事之中那样，因此与故事相关的普通对象也不构成通向外部的门，并不超出故事，而是在故事的视域中占有一席之地。

第十七章 169

我们的思考与现象学家研究之间的关系概况——事态与故事——命题与故事

现在我们尝试概述我们的思考与经典现象学[①]成果之间的关系。

例如现象学家从命题（Satz）与事态（Sachverhalt）的关系出发。对于命题而言，他着眼于命题的意义。在这里他指的是无论命题被宣称还是被怀疑、被质疑，命题的这个意义都是同一的。命题被思维，或者更确切地说可以被思维。但是它被思维与否，对于它的存在而言并不是本质的。

命题又是由概念组成，概念一起组合成命题的统一。对象会与概念相对应，即个别对象或普遍对象，或根据其他划分原则，如时间对象或观念对象。即使在观念对象中也可以区分个体对象和普遍对象。例如当我将二加上二时，这两个二就涉及无数个二当中个别的二（Einzelzweien）。命题也包含没有对象性的东西与之相应的概念，例如像概念“和、或、但是、

① 我首先从施塔芬哈根教授那里听到经典现象学（klassische Phänomenologie）这个表达。

而是”。

当我们思维命题时，我们就以思维的方式具有命题。但在思维中，我们和与命题相应的事态相联系。也许我们大概可以这么表达，即当命题被思维的时候，事态被表象，事态出现了。事态又与伴随事态出现的对象相关。在对象领域中，像
170 房子、树、动物，红的、甜的、重的，做、动、抬、拉、背、流等对象性之物相应于名词、形容词、动词等概念的区别。对此，根据现象学家的观点，仿照语法区分只是在一方面确定命题与概念的关系，另一方面确定事态与对象的关系当中的第一步。这些确定可以无止境地细化下去。

就命题而言，我们又可以区分涉及个别事态的个别命题，如王后生病了，西西里是一个岛，以及普遍命题，如硫是黄色的，国王有重要职务，铁和水里的氧化合成铁锈。这些普遍命题与普遍事态相对应。

谈论真和假涉及命题和事态之间的关系。如果命题所意指（meinen）的事态存在于它所属的领域中，那么这个命题就是真的。在指涉观念对象的命题那里的领域，也就是在所有数学命题那里的领域，不同于在指涉时间对象的命题那里的领域。所以，例如毕达哥拉斯定理的真理会在建构中出现，个别命题的真理，例如西西里是一个岛，则是在人们绕行西西里的感知中出现，关于铁和氧的命题的真理则是在实验中出现。

当我只是思维或者理解一个命题时，这是同一回事，那以此还没有什么能确定它的真或假。当与命题相符的事态自身被

给予时，命题的真才出现。在对对象的感性感知中，感知能带来这种自身被给予性。在观念对象那里，自身被给予性以不同方式出现，或许是紧接着直观，或者以直观为基础，就像在几何学中那样，在代数中也有类似的方式，或者至少是以可比较的方式。例如我们在这里尝试将被画出来的三角形与几何学的三角形之间的区别，和算盘及其算珠所意指的数之间的关系相区分。

如果一个命题能被证实，那么该命题最初所意指的事态就
与自身被给予的事态相一致。就自身被给予性涉及感性对象、 171
涉及外感知或内感知的对象而言，我们也可以将身体性的被给予性作为自身被给予性的一种特殊情况来谈论。

现象学家也认为，可以从概念的特殊存在中研究命题所借以建立的概念。当我们思维一个命题时，我们本身就指涉了事态。但我们应该可以采取不同态度以看到我们进行思维所借助的概念。在这里，概念始终是观念对象，无论它们意指的是像数学对象那样的观念对象，还是像房子、树木这样的对象——感性对象，都是一样的。

如果我们打算理解这个构造，那我们肯定回想起对于胡塞尔而言出发点是数学和逻辑，对于普凡德尔而言出发点是逻辑，他大概与胡塞尔一起同时获得与胡塞尔相似的成果。两人在这里都发现了其意义始终不变的命题构造物——我们首先无法看出命题的真假，但是它依然具有其永恒意义。只有直观才能判定真假，在经验命题那里通过感知判定，在数学命题

和逻辑命题那里只有通过另一种直观判定。也没有对象会与命题相对应，因为对象与命题是不可比较的。所以我们在现实中发现仿佛作为命题镜像的事态，对象又以某种方式给事态奠定基础。

我们紧接着从逻辑命题和数学命题过渡到精确的自然科学命题。

这种数学和逻辑的来源既是现象学的优点，也是它的缺点。我记得有一次胡塞尔在我们讨论现象学的进一步构建时，对当时还是他的学生小圈子说：“我们还得有一位历史学家。”或许他只是想到将现象学纳入哲学史中，或许他也感受
172 到现象学着手从数学出发去理解或澄清世界整体的某个缺点。

如果我们从故事和历史出发，那我们的出发点与胡塞尔的截然相反。区别堪比毕达哥拉斯定理与《小红帽》童话之间的区别。世界根据这个出发点而各式各样地呈现出来，这不足为奇。

例如现象学家会说，《小红帽》童话也是由具有明确意义的命题组成，如同毕达哥拉斯定理的命题那样，不同的是，有时涉及个别命题，有时涉及普遍命题，但普遍命题或许又奠基在个别命题中，类似于自然科学的普遍命题奠基在由实验描述所形成的个别命题中。所以，现象学家会进一步说，人们可以将出自《小红帽》童话的命题，如同毕达哥拉斯定理的命题那样，视作逻辑学的出发点。毕达哥拉斯定理切中一个事态，实验描述切中一个事态，《小红帽》童话切中一个事态。

由概念构建成的命题与命题所意指的事态之间的相等关系到处都有。区别只是在于，毕达哥拉斯定理能够得到证实，而在《小红帽》童话那里情况不是这样。命题构造物的语言-语法（sprachlich-grammatisch）构造，以及相应的意义构造或概念构造在任何情况下都是相同的。在任何地方，主语、谓语、宾语都出现在命题的特有位置中。在任何地方，命题仿佛就像放映机那样将事态放映在墙上，或者反过来看命题再现出事态。根据我们所持有的态度，我们可以以故事要么意指有意义的命题，人们理解它们的含义，要么意指事态，事态随着这些命题或者说通过这些命题被意指。或许现象学家还会进一步说：事态无法在没有命题的情况下闪烁，事态在命题中被思考；命题 173
“几乎无法”在没有事态的情况下出现，命题伴随着事态被思考。事态可以存在或不存在。这一点在自身被给予性中才得到证实。命题或许不必始终先行于事态的自身被给予性，命题意指的事态随后获得自身被给予性。自身被给予的事态也可以与命题一起同时出现。

我们一再尝试以现象学家提供给我们的这些结构或手段来把握构造物故事。我们已经尝试一方面将构造物把握为由概念组成的命题的联合，另一方面把握为与这些命题相对应的事态。所有我们以此把握构造物故事特征的努力都失败了。所有这些尝试都是为我们当前理解而做的准备。我们不考虑从现象学家的立场引导我们到我们现今立场的中间阶段。我们不考虑我们是如何逐渐将现象学家的立场让位、不得不让位给另一个立场。我们只打算从整个发展中突出一点。

在我们尽可能接近作为现象学家的基本构造物命题的努力中，我们遇到了在命题和事态关系中的以下困难。就普遍命题而言，例如“铁碰到水就生锈”或者“骄者必败”，命题看起来本身已经明确指向一个事态。谁知道或者理解这句话，谁看起来就能检验命题是真的还是假的。“西西里是一个岛”或者出自专有名词的类似命题（或许）也是如此。我们可以借助命题绕行西西里，并确定它是一个岛。但困难在于，当我们在绕行时，谁跟我们说实际上我们已经到达了西西里。其他个别命题使我们陷入更大的困境。例如命题“王后生病了”以及所有类似的个别命题，或许还有像“下雨了”“打雷了”这样的命题。

174 我们理解命题“王后生病了”。对于语法和逻辑而言，它是一个命题，对此无可指摘。它与普遍命题同一级别，但这个命题永远无法像任何普遍命题、像关于西西里的命题那样得到证实。尽管命题是完整的，但它并没有在现象学家的意义上或者不完全在现象学家的意义上指向一个事态。人们当然可以说它指向或者要指向一个事态，但并没有切中事态。我们对此的解释是，该命题已经根据其内在内容而证明自身是一个属于更大关联中的命题。在一个故事的过程中，在一个小说的过程中，命题也切中一个“事态”。命题只有在故事的过程中才可能是真的或假的，才可能是对的或不对的。没有这个背景，它就在世界中四处游荡，徒劳地寻找它的事态。也许教科书或练习册中的所有练习句都是如此。尽管专有名词像“罗伯特是非常勤奋的”那样被使用，但如果罗伯特没有以某种方式确定下来，那情况并没有什么不同。我们也可以说这样的命题只是命题的幻象。它们给人的印象仿佛切中了什么，但它们并没有切中什么。

我们现在可以说像“王后生病了”的练习句和在小说中出现的发音相同的句子具有相同意义吗？现象学家或许不得不回答“是的”。我们将对此表示最强烈的怀疑。

这句话可以以同样的字句出现在十部不同的小说中，如果我们打算保留现象学家的说法，那它在每部小说中都切中一个不同的事态。

当它现在切中另一个事态的时候，那么按照现象学家的说法，它在当下的意义也一定是不同的。这可不是说这个命题意指某些普遍的东西，而是说命题根据它的文本朝向一个具体的事态。它只是在一个个别故事中找到这个具体事态。如果在许多故事中发现发音相同的句子，那么问题出现了，它首先是否只涉及相同的表达，但涉及不同意义，或者不同事态，或者根 175
据我们的说法，涉及不同故事。在这十个情况中是否涉及同一种疾病是次要的，甚至是否涉及同一个王后都是次要的。在一部小说中，同一个王后可能生病多次。尽管如此，在故事或者在总体事态之中，命题的意义始终是不同的。

现在我们或许可以尝试继续进一步澄清这个现象，即我们能在故事的框架内以同样的词语使十个不同的事态出现，或者我们更愿意说，使故事中的十个要素出现。现象学家或许会尝试这么做，例如他说个别词语相应于普遍概念，并指示对词语的理解和普遍命题，在这里，这些困难看起来都不存在。例如，如果我们造句子“王后不可以生病”，那么这个句子根据它所出现在其中的关联情况不同而具有不同意义，这种困难看起来并不存在。我们承认，在这种情况中不存在困难，但这不只是因为在这里所有王后的封闭或不封闭的全体都随着一个王后而出现，这与表达“汽车、狮子、人”的情况类似，即全体只能通过故事而出现在故事中。

我们也不知道词语和表达或者命题如何能使得像故事的东西出现，但我们认为，概念和由概念构成的命题也无法澄清这里的奇迹。像句子“王后生病了”只能从某个故事中产生，只能出现在某个故事中，只能在某个故事中找到它的立足点。与这里存在的东西最亲近的是纠缠在故事之中的王后。其他人只能是大概接近而已，并且如我们所认为的，她只是通过共同纠缠而存在，例如当一位著名的王后陷入重病之中时，整个国家都屏住呼吸。

176 句子“王后生病了”在故事之外只是一个外壳或空壳。如果我们朝某个方向研究这样一个句子，那我们首先要确定初步的问题：如果我们把这样一个句子置于绝缘凳上，那研究的对象到底是什么。我们认为，每个个别命题，或者换句话说，每个指涉某些具体东西的命题，在某个故事之中才获得其固定点，并以此参与到故事的特有存在；但它在故事之外就失去故事给予的立足点，如果它从活动流中被抽取出，那它在故事之外就不再是研究对象。这适用于每个命题。这也适用于最简单的命题，像“下雨了”“打雷了”。它们只有在故事中、在闲谈或独白中、在故事的关联中、在数以千计不同的关联和含义中获得它的位置，这些关联和含义或许从后续词里产生，如“终于下雨了”，或“可惜下雨了”，或“谢天谢地下雨了”，或“下雨了，但是太小了”，或“顺带一提下雨了”，等等。无修饰的命题“下雨了”，如果我们看得正确，是一个在任何地方都不存在的命题，就像“王后生病了”那样。无修饰的命题也不是包含在所有其他命题中的命题。与其他生动的命题相比，它只不过是一个外壳。如果有人说他理解这样一个句子，那这仍然会具有最不同的含义。我们可以将它理解为从故事中脱离出来。我们可以将它理解为一个在故事中寻找位置的句子。我们可以将它理解为一个练习句。但如果我们打算将它作为自在自为的命题来研究，那我们就面临着研究一些完全不存在的东西的危险。不是现在也不是在这里下雨、打雷，而只是在故事中，在故事不封闭的环中打雷、下雨。面对所有这些思考，现象学家将退回到几何学原理和代数学上，就像退回到一个不可攻克的城堡里。这一切看起来还具有一个不可动摇的意义，看起来是非时间的。它们是被发现的，而不是被发明的。无论是否有人认识到它们，它们都起作用。

首先就几何学的命题而言，在我们看来，它们与刚性系统 177
相关。我们已经在第一部分谈论过这个关联，也谈论了这个刚性系统只在故事中，通过故事出现。用粉笔画出来的三角形和数学的三角形之间有什么关系，这个问题至今仍然和柏拉图时代一样不清楚。同样不清楚的是，几何学的对象到底是什么，它们的命题所需要的普遍有效性到底意味着什么。我们无法从几何学出发将世界从它的合页上卸下，或者更好地说，无法将世界装进它的合页里。此外还剩下代数学，例如命题“二加二等于四”非时间地有效，严格来说是不容置疑的。但在谈论这一点之前，无论它正确与否，我们必须先确定命题到底意味着什么。众所周知，关于这一点的意见分歧非常之大，以至于早已缺乏这个最初的基础。单一性、多样性、全体性出现在故事性世界中，出现在故事中，但始终是不确定的，这种不确定性嘲笑着数学意义上最后的基座。数和同类构造物伴随着对象才出现。但如果对象对我们而言消融在故事中，并且所有故事都通过前故事和后故事而相互连接、相互转化，如果我们甚至无法区分自我故事和我们故事，那我们会问，对于数学家意义上的数的应用领域是哪里。10个故事是10个故事吗？10个人是10个人吗？12个狮子是12个狮子吗？或者说所有这一切只是暂时粗略地相当于10个原子是10个原子吗？一只鸡是一只鸡吗？考虑到我们所指出的关联，如果我们将所有这些问题置于故事的视角下，那我们可以用是与否来回答所有这些问题。

在这些思考的基础上，现在我们尝试总结我们对现象学研究成果的态度。命题和作为进入命题中的构造物概念、命题和
178 概念的永恒意义、属于命题的思维活动（命题以这种方式被理

解），所有这一切我们都没看到。对现象学家而言，被意指的事态在对这个命题的思维中才建立起来，或者我们也许还可以在现象学家的意义上说：事态伴随着对命题的思维而出现。就此，对于我们而言剩下的只是故事以命题的表达和语言的方式出现。但故事的出现和语言无关。我们已经详细阐明故事、故事的草图、关于故事的问题如何能以最多样的方式出现，故事如何能够叙述自身。

但我们还无法回答语言如何具有力量使故事突然出现。但我们认为，在这里，现象学家的回答也没提供任何解释。

现象学将其作为事态而研究的东西，在我们那里转变为故事，始终包含一个纠缠者的故事。故事出现的起源地就是在纠缠存在中的出现。在这里，出现与纠缠存在同时发生。每个自我纠缠都已经包含一个我们纠缠。**我**和**我们**[①]无法分离。对于第三者、旁观者、听者而言，故事也只有通过我们纠缠而出现。

对现象学家而言，每个事态通过命题而享有命题和概念的永恒存在，但我们并没有看到故事的这样一种存在。故事始终是在纠缠存在中，在自我纠缠存在中，或者在我们纠缠存在中，在对故事的熟悉中。谈论在这个纠缠存在之外的存在，对我们而言毫无意义。

命题和事态对现象学家而言与对象密切相关。命题通过概

---

① 此处的“我”与“我们”在原文中分别以定冠词das作前置，以das Ich、das Wir的形式出现，用作特定讨论对象，以区别于日常用法。类似情况在译文中统一以黑体方式表示，尤见于第二部分第十九章，特此说明。——译者注

念而指涉对象。事态建立在对象之上。在这里，对象是一切可以被言说的东西。对象消散着，最终消散成某些东西，并随着略微的目光转变而消散成包围所有一切的世界。

对我们而言，对象在故事中得到新的解释，但不是在某个对象的故事中，而是在伴随着纠缠者的故事中，它永远无法自
179 为地成为对象，并且在故事里发生的所有一切中，它都无法成为对象。只有一些在某种程度上的渐隐，并且当我们谈论对象时，我们指的是这种渐隐了的东西。但是这种渐隐了的东西并不会以此失去它所处于其中的关联。关联只是退入背景中，每时每刻都在我们不会严肃对待的渐隐当中显示出来。这并不意味着我们在对象那里绝不能忽略掉联想，我们会更愿意说：我们绝不能忽略掉它的故事，所谓的对象始终只是它的故事的一个表达，没有故事它连一个外壳都不如。我们也这样表达，即每个对象都随身带有它的故事。我们也可以说它就是故事，没有故事它什么都不是。

人们或许会对我们提出异议，说我们谈谈大教堂的故事，房子、桌子、椅子的故事不更好吗。我们对此的回答是，在所有这些故事里，人都处在背景中。我们也可以说他处在前景中，也许他离我们如此之近，以至于当我们尝试谈论对象大教堂或房子的时候，我们一开始就忽略了他。在这过程中我们是如何将物质作为对象来研究的，在这里我们不打算赘述。对于我们而言，将声音或颜色作为对象性东西来谈论也是没有意义的。如果我们使它们独立化成对象，那就是一个人造的渐隐。

它们也只能在故事中以最多样的方式具有它们的位置。因此，
它们可以由表达承载着，以此流入故事之中。但我们不能把声
音和表达它的表达相分离，而是说两者形成一个不可分割的统
一，并如此载入故事中。作为质性的声音或颜色绝不会变得渐
隐，从而使被表达的东西消失。我们最多可能淡化或抵消被表
达的东西，但它永远不会变成纯粹对象性的、不受表达约束
的。我们无法将狮子的吼叫和狮子相分离，我们无法将雷鸣
从它与自然的关联中抽离出来。自然本身，就歌德的意义上
而言，首先看起来尽可能离历史和故事如此之远，但我们仍 180
然只能通过故事来接近这个构造物。对此，或许我们必须首
先阐明故事和音乐之间的关联，或者故事和平静、宁静、无
欲（Wunschlosigkeit）之间的关联，甚至是故事与睡眠之间的
关联。

181 第十八章

证实学说——故事如何被证实——论自身被给予性——作为寓言的故事——故事与事件

现在我们尝试将命题和事态的学说，在故事对我们而言构成一个整体的意义上，再次检查或运用到作为整体的故事上。首先看起来没有什么比之更让人明白清楚的是，通过听和理解一个故事，人们理解——或者用现象学家的说法——思维命题的总体结构（一个故事可能就是由命题构成），并以此朝向一个作为被意指事态的事态，然后人们在第二步或者在第二阶段中寻找这个被意指的事态，直到它切身地或者以其自身面对我们。

在这里我们忽视了，在我们论述意义上的故事始终已经是过去了的，由此我们永远不再能够触及它的真正自身，至少如果人们以流行的时间观点为基础。

我们首先通过局限在自我故事或者我在一个我们故事中的参与，而进一步简化问题。此外，我们打算设想一个尽可能简单的故事，它不再是建立在其他故事之上，尤其不是建立在他人故事之上。我们在这里所进行的这些简化已经是一种渐隐了，如果我们无法一直意识到这是渐隐，那它们会逐渐变成错误的根源。

如果我们从一个这么简单的情况出发，那么作为纠缠在故事中的自我，他离这个故事最近，在这里我们会想起一起谋杀、盗窃、车祸，或者没有危险的故事，想起争吵、侮辱或类似的。纠缠在故事中的他尽可能近地接近故事。询问是否有可能建立与故事更紧密的联系是没有意义的。我们还可以问，如 182
果纠缠者囿于误解，例如他向某人开枪，并相信已经致命地击中了他，但射击没有命中，或者某人在梦中杀了另一个人，并在醒来时才发现这一切都是梦，谢天谢地，这又会怎么样呢。我们忽略这些麻烦。然后我们认为，这个在故事中的纠缠存在就是谈论现实性的终点和最终基础，例如根据基督徒的观点，每个人都要在世界末日就现实而面对质问、进行回答。

现在，另一个人看起来可以在一定程度上接近这种现实，或者根据流行的说法：他能认识这种现实。每个人都亲身地置身于这样的现实中，并通达其他人的现实。我们已经尝试尽可能地澄清我们纠缠，现在我们自问，命题和事态的学说是否还能以某种方式帮助我们更清楚地把握这个总体结构，更深入地研究种种关系。在自身纠缠在故事中的人那里，我们认为，命题和事态的区别以及事态的构造物自身并不会给予我们更多帮助，因为在故事中的纠缠存在和对故事的认识之间进行区分不再有意义。在我们看来，故事之中的纠缠存在和故事之中的出现在这里是同一回事。

但是，从自身没有纠缠在故事中的他人出发来看，他或许会对情况有不同判断。如果他一开始只是听和理解了故事，那么这个故事最初看起来只是作为被意指的故事处在他面前，他通过他所理解的句子结构而通达这个故事。那么问题在于，这些首先只是被意指的故事如何得到证实，或者如何能够得到证实。我们尝试从故事的这个阶段开始，如果我们可以这么说的话，并且尝试从那里弄清楚与单纯的听和理解之间的关系。在其他人亲身纠缠在故事中的意义上的证实是不可能的。通过
183 纠缠者的自白或坦白，他或许能尽最大可能靠近故事。然而，如果我们更多地从外部观察事情，那我们更加重视其他人通过亲眼所见而确定自白或坦白并不是凭空捏造的。例如在一起谋杀案那里，在这个意义上我们会重视死者被找到，或者在一起盗窃案那里，重要的是被窃走的首饰也在做出坦白的窃贼的所有物中被找到。另一方面，我们不得不承认对这个重要故事的探究，仍然仿佛只是一个从另一侧面的、只是从外部而来的探究。死者可能是在正当防卫中，他可能根据他自己的要求而被枪杀，所谓的凶手可能是在精神错乱状况中行动。在所有这些事件以及许多其他事件中并没有谋杀，也不存在一个某人可能纠缠在其中的谋杀故事。

在这里，我们必须追溯到我们对听、理解和叙述的普遍详细叙述。叙述嵌入到一个关联之中。我们在这里设想一个简单情况，即观察到凶手外貌的证人向法官叙述故事。我们认为，

在这个关联中，法官通过证词的方式通达凶手纠缠于其中的故事，这种方式与所有其他通达方式处于同一层面，并最终与作案人的供认处在同一层面，或者我们应该说保持一致。这里存在的区别或许可以通过我们说由近或远、从一方面或另一方面来接近故事而得到把握。作案人纠缠在其中的故事可以从远处或者在近处出现。它可以从最不同的方方面面出现。可以从故事的结尾出现，从后故事、从前故事那里出现，并总是可以与书本故事的出现方式相比较。书本故事可以以逐渐填满的空白方式出现。但在第一次出现时，故事自身的一部分总是已经被领会到了。在完全或部分注视到故事的证人那里，这个自身（Selbst）随着证人而被给予，或者体现在证人中，就像这个自 184
身以其他方式体现出来那样，例如发现尸体，但最后始终有一个阻碍进入本己自身中的最终障碍，阻碍进入作案人在故事中的纠缠存在。当所有一切都澄清了，现实或许最终会在这里出现，同一个现实已经随着第一位证人的第一份报告出现了，尽管是不完整、不清楚的，但绝不是与作案人纠缠在其中的现实相同意义上的现实。我们已经尝试通过指出所有人在故事中的共同纠缠而在最终源头里切中对于非纠缠者而言的这种现实的出现。

从这个证人的叙述及其与故事本身建立的联系出发，我们可以进一步澄清谣言与故事本身有什么关系。谣言可以被追查，它在追溯过程中可能化为乌有，但我们也能在追溯时向前一直推进到证人那里。如果谣言追溯到真相或者现实，那即使在谣言那里也还有某些这里所涉及的故事本身的东西显露出来。谁转述了谣言，谁就能称之为它的担保人，直到最终延伸到某个真正了解此事的人。

现在，如果我们将我们这些思考运用在命题和事态的区别上，那我们认为，如果要在现实是完全可能发生的意义上接近现实，我们已经随着每一个叙述在现实是完全可把握的意义上通达现实、必定通达现实。这一切会让我们想起靠近一座城市，当它遥远地出现在视域中时，我们已经从远处看到了它，而当我们缓慢靠近它时，它始终保持同一，我们仿佛从一开始就已经把握住了它。但这一点只有当城市从一开始就已经以某种方式出现时才是可能的。在故事的领域中，我们找不到像命题、被意指的事态和自身被给予的事态之间的区别所指的关系。相反，只有首先通过证人或其他方式建立起与现实故事的
185 可达到的自身的联系时，即使是松动的联系，就像缆绳在两艘船之间建立起最初的联系那样，故事才得以开始，故事才成为故事。如果证人撒谎了，如果他的故事是编造的，那我们至少抓住一条线索，我们可以据此确定首先作为现实故事出现的故事的非现实性。

这些故事要么现实要么虚构，但它们都以要求切中一个现实、一个纠缠在故事中的纠缠者的方式出现，并且它们——如果它们总的来说要有一个意义——必须已经提供一个我们可以确定现实的根据，我们可以在故事中尽可能地接近现实——除了这些故事，现在有其他故事，它们第一眼看起来似乎超越

了现实与非现实。我们在这里不打算研究人们是否能在一个统一的视角下对所有这些故事进行编排分类。我们满足于概述并考察这些故事的一些种类及其与现实故事的关系。童话可能会属于这些故事，但我们不能在一个根据其实证内容的视角下对它们进行分类。因此，童话会具有寓言的特征。但不是每一个童话都具有这种特征。例如童话《幸福的汉斯》就会有这样一个特征。这个寓言特征在童话《渔夫和他的妻子》那里就没那么纯粹地显露出来，尽管从外表来看这两个童话的题材相似。在这两个童话中，从贫穷到富裕，然后又从富裕到贫穷的转变构成了框架。但是贫穷和富裕在童话《渔夫和他的妻子》中是被严肃对待的——获得是一种幸福，失去是一种不幸。在童话《幸福的汉斯》中，贫穷和富裕都无关紧要，是各方面的无关紧要，甚至贫穷优先于富裕，成了主题。

寓言的特征不限于童话。例如我们在圣经中找到了寓言。
这些寓言也充满了不同含义。意义最深刻的也许是浪子回头的 186
故事。这里所涉及的故事是一个在所有时代里都作为现实故事而反复发生的故事，它在今天也类似地发生在每个村庄、每个城市。我们也可以尝试将这个故事把握为具体的故事。在一个村庄里，浪子可能从美国归来，他的父亲和兄弟就像基督叙述的那样接待他。我们也能继续描绘故事在村民中是如何被看待的，无情的、冷酷的、恶意的或者冷静的评论如何衔接上故事，这些评论如何在村里没有人注意到这个故事有什么特别之处的情况下贯穿、渗透到故事中。在上帝的话里，故事通过将世俗的父亲–孩子关系（Vater-Sohn-Verhältnis）转用在上帝–父亲（Gott-Vater）与人类或人之间的关系上，而获得一个强大的背景。每个人都是浪子。天国的父在故乡等候着每个人，回家的意愿不以任何东西为前提。节日的欢迎和盛装已经为每个人准备好了。在这里，我们可以就我们观察的意义上提出许多问题和评论。只要故事涉及思乡，它就已经作为世俗的故事而具有一个特殊深度，并且作为世俗故事或许也已经具有一个寓言特征。例如这个寓言特征处在《奥德赛》的中心。它能够支撑着奥德修斯的故事，共同解释这个故事的永葆青春。基督无法将奥德修斯的故事用作祂[①]的寓言。对于祂的寓言而言，兄弟、故乡，还有妇女和儿子都必须退入背景中。从这一切而来的全部力量都在父亲上得到概括——如果我们保持这个图像——在拉厄耳忒斯（Laertes）[②]上得到概括。荷马也没有忽略这个人与父亲的关系。他甚至以最大的爱和细致组织这种关系。但如果我们可以这么说的话，它还是稍稍挪进到背景里。

这个单薄的对比可能已经表明把握寓言特征是多么困难。
187 但就我们大体上能够接近它而言，这只有通过故事、通过伴随其视域的具体故事才是可能的。寓言载入故事中，并且从故事里产生。寓言在具体故事中具有它的位置，同时照耀到远远超出这些故事之外的地方。

许多谚语都会有这样一种寓言特征，这些谚语又与具体故

① 对上帝、耶稣等的第三人称代词，下同。——译者注

② 奥德修斯之父。——译者注

事处于最多样的关系中。所有诗歌的，或许还有艺术一般的伟大作品都或多或少具有这样一种寓言特征。即使诗人以故事过程为题材，在他的作品中寓言特征仍然可以占支配地位。

现在我们认为，寓言的分量并不在于在其中看到与特殊物相关的普遍物，而是在于在其中看到不同于日常平凡的深度，在自我纠缠中的深度，在我们纠缠中的深度。当浪子从美国回来时，或许在村庄中的某个心灵，例如一位父亲或母亲，将预料到类似寓言一样的东西，并以此踏向荷马所看到的或基督所教导的路途。

对日常或许可以进行无穷多方向上的深化，如同我们在寓言浪子回头和《幸福的汉斯》中看到的，它可以以这种方式得到深化，我们还可以尝试以不同方式来把握它。我们不相信日常故事是首要的、原初的东西，寓言故事从它们那里出现，它们支撑着寓言故事，而是说我们相信寓言故事与日常故事同样原初，与日常故事一起闪烁，从一开始就闪烁。我们也可以这么表达：寓言也总是从故事的视域中出现。

如果我们将人之存在等同于在故事之中纠缠，那这并不意味着人之存在与在人的故事之中的纠缠存在（In-menschliche-Geschichten-verstrickt-sein）同义。如果在故事中的纠缠存在是对于所有其他东西而言原初的东西、基础，那我们就不能根据
我们从某处未受约束而得到的某个人类标准去衡量故事，而是 188
说我们必须根据我们遇到的故事来对待它们。如果在这些故事中出现了深邃、崇高或神圣的东西，那这一切必须像我们承认

故事那样无成见地得到承认。或许神圣的东西并不比我们根据流传下来的概念而理解的人的东西更加神秘。例如如果我们看看浪子回头的寓言，并且在这过程中想起父与子的关系，或者在相似的关系中想起母与子的关系，它或许植根更深，那我们不能认为仿佛这里首先涉及一个人的、世俗的关系，然后这种关系以某种方式转用到非世俗的、上天的关系上。以此我们将撕裂在这里存在的统一。相反，我们必须尝试将传统上拆分开的神圣的东西和世俗的东西把握成一个东西。我们或许可以从那句阿拉伯箴言里摘引出正如我们所指的一个勾勒，即神给予每个孩子一位母亲，她代表神照顾孩子。父亲–孩子关系、母亲–孩子关系（Mutter-Sohn-Verhältnis）就像基督所指明的那样能得到扩展和深化。这种扩展和深化是它天生就有的，并与之息息相关。

我们必须将有寓言特征的故事和有事件特征的故事、作为事件（Fall）出现的故事区分开。我们在许多领域遇到这样的故事。律师忙碌于事件，就像医生、牧师、道德伦理学家那样。在这些事件那里，我们会有这么一个印象，即这不再涉及一个故事，而是涉及故事的骨架。在事件里，人和人之存在远远地退入背景中。在事件里我们尝试脱离故事，但不可能有一个完美的脱离。具有故事性质的东西仍然在视域中，只是被向后推移了。表面上这个关系由此而得到勾勒，即在事件中出现的人以字母而不是以姓名标出。我们看起来可以将每个故事或者许多故事转变成事件，相反，当然可以将每个事件转变成故

事。在这里看起来同样确凿无疑的是，对于每个世界而言，故 189
事是支撑物，事件只有通过故事才能出现，才能进入视野。现在，在故事转变为事件，或者在事件再转变为故事的过程中详细发生了什么，需要仔细研究。在这里我们会再次想起事件是与故事相关的普遍物的可能性，并且尝试通过概念的学说去澄清事件和故事的关系。我们已经在其他关联中研究了这种可能性，并且就此确信我们无法以这条道路接近我们想澄清的构造物。我们可以以“渐隐”这个表达来更加接近构造物。事件从故事那里变得渐隐，但并没有摆脱故事。我们也可以这么表达这一点：每个事件都是不同的，或者可以是不同的，每个事件仿佛是一个被强暴的故事，或者只有在其他条件相同（ceteris paribus）的情况下的相同东西才适用于相同的事件。出于这种认识，例如我们将民法置于最普遍的诚实信用原则下，或者我们在刑法中设立判刑范围，使得对“同样的事情”作出不同判断成为可能。我们会在所有我们谈论事件的领域里发现相同现象。

190 # 第十九章

我们和我——在世俗世界史中的我们——在宗教世界史中的我们

现在，我们在纠缠在故事之中的**我**这里寻找我们已经常遇到，但至今无法置于中心的**我们**。纠缠在故事之中的**我**穷尽于它在故事之中纠缠存在。如果有人说“我有红头发，竖耳朵”，并继续这种身体描述，那我们所着眼的**我**并没有随着这些躯体特性而受到某种方式的连累，但这会属于他的故事，本质上属于他的故事，他的爱人指出这些特征。**我**也没有性格、兴趣、本欲、激情、欲望。这只是纠缠在故事之中，也许在骗局、欺诈、贪财的故事中。这种纠缠性和他的故事合为一体。在他的生命中一个又一个故事萌芽了，一切仿佛通过一个纠缠存在而集中在一起，并且在这种纠缠存在的基础上都是一个样式，就像树叶那样。

在这里**我**本身是无质性的，所有质性都处在故事之中。

现在，我们在这个自我纠缠者这里寻找**我们**。在这里，我们从一个语言研究开始。我们从一开始就不确定能随着语言上的**我们**而切中我们寻找的构造物，我们暂时确定为我们纠缠者（Wirverstrickten）的构造物。如果语言不能引导我们到我们要达到的这个点，那语言还是能将我们引导到它附近。如果我们已经穷尽语言的要素，那问题就来了，我们是否更接近**我们**。

在语言中，**我们**和其他代词一起编排在人称代词下。**我**看起来是基础代词。我们在故事中发现这个**我**。它可能会在每个故事中出现。这个**我**与每个人，每个在故事中出现的人相称。 191
但如果以我们的说法为基础，每个不同人称都指向其他的自我纠缠者。名称**我**只与纠缠者相称，而不与还在故事中的其他存在物相称，或许还以某种方式与动物、植物相称，但绝不与房屋、自行车，以及其他可能还在故事中存在的东西相称。

在每一个**我**这里有许多的“**你**（Du）”。**你**始终是以一个**我**为前提。具体的我–你关系（Ich-Du-Beziehung）在故事中形成，然后会持续下去。但在这里我们是否能谈论一种关系，可能还是个问题。在故事中，我–你关系看起来以“介绍（Vorstellung）”的方式建立起来，或者从这个介绍开始，如果我们可以从社会生活中选取这个表达。我–你关系看起来总是可逆的，在**你**当中总是包含一个**我**。从这个**我**出发，第一个**我**颠倒过来成为一个**你**。我–你关系并没有物质的内容。所以例如它超越了敌意和友谊。对于一个**我**而言，动物可以形成这个**你关系**（Dubeziehung）。无生命的对象处在你之外。

每个**你**都可以替换成第三人称，但在这过程中还保留**你特征**（Ducharakter）。第三人称也用于对象。当第三人称用于人时，它就涉及一个在说话的**我**。每个**他**（Er）都是一个对**我**而言的**他**、出自**我**的**他**。

在故事中的每个**我们**都有一个作为出发点的**我**，**我**包含在**我们**当中。为了让人可理解，这总是需要在故事内得到更进一步地确定，例如“我们雅典人、我们德国人、我们法国人、我们保龄球俱乐部X的保龄球伙伴”。如果我们不考虑动物和植物，那更进一步最全面的确定是我们人（Wir Menschen）。所有其他规定看起来都只是从“我们人”区域中切割出去的部分，看起来更进一步以这个全面的确定为前提，并且也以此与余下的剩余部分保持距离。在这里，剩余部分又能得到实证确定，例如希腊人将人划分为希腊人和野蛮人，或者我们将它们划分为文明人和原始人。

192 如果我们从在故事中的纠缠者出发，并且完全不考虑身体、禀性、欲望、本能或其他可能有的东西，那我们在这里指出的所有这些区别都是有意义的。个别-我（Einzel-Ich）看起来与通过专有名词所表达的东西是等价的。专有名词凯撒与凯撒用来谈论自己的表达我关系最密切。**我**可以通过添加专有名词而不断得到补充，例如在这样一个表达中：我，凯撒。但伴随着专有名词，重心看起来从纠缠在故事中的**我**转移到故事本身。

就像我们可以问**我**和凯撒之间的关系那样，我们可以问**我们**和人之间的关系。在每个谈话中，在每个故事中，或者这是同一回事，“我们人”的表达都切中相同的东西，就像“我，凯撒”的表达在每个谈话中切中或者将切中相同的东西那样。唯一的区别是，“我们人”的表达在每个人的嘴里尽管切中相同的东西，但仍然有区别，即出发点或原基点，也就是说话着的**我**可以发生变化（从这样的我那里才可以跃进到我们中），而看起来要被切中的整体并不以此转移或者发生变化。如果我们将在自我纠缠者意义上的**我**作为对于在**我们人**意义上的**我们**的固定基点，那我们人这个表达也只包括我们纠缠者，所以在这个意义上的**我们**首先就像**我**那样无质性地出现，所有质性只归故事的物质内容所有。

语言的观察大概能将我们引导向**我们**到这么远。

如果我们从其最全面含义上的**我们**来到作为充实**我们**的人，那我们也可以尝试不考虑**我们**而单独地，或许是直接地把握**人**。在这里，我们首先仿佛可以类似从个别狮子前进到狮子的属那样来处理这个构造物。所以我们仿佛可以像一个他 193
人的观察者那样——他像我们离狮子如此远的那样离人如此得远——将人从一个个体出发概括成人的属。这种人的属大概与“人，或者全部人，或者所有人”是等价的。在这些人之中的关联类似于在狮子的种里个别狮子之间的关联。个人在这里编排成一个序列，或者被编排成一个序列。我们也能以传统的方式说，他成为了对象。然而我们必须小心谨慎地对待这个表达，因为对我们而言，对象这个表达是有问题的，它同样只能出于故事而得到解释。

如果我们把人与狮子相提并论，并在这个方向继续穷追人这个表达，那结果并不是人这个表达所指向的东西或者在这个意义上应该指向的东西通过与狮子的对比而以某种方式变得更加清楚或更加明白，而是恰恰相反，对狮子所必须理解的东西（我们在其中找到了这个表达的最终支撑物）被一起卷入随着人这个表达而出现的不清不楚的漩涡中。无论如何，在我们将身体性的东西作为出发点而观察“人”的同时，我们会错过在故事中的纠缠者，仿佛好像我们在个别的人那里作为出发点的是他的身体，而不是他的故事，不是他在故事中的纠缠存在。我们或许不会因为看走眼以至于我们不再看到身体的什么东西，但我们所看到的东西对于故事而言仍然是渐隐的。不过完全的渐隐永远不会成功，因为人的身体是对故事而言的表达领域，是对故事的插画，我们永远无法忽略这个表达领域以及图解特征。即使是在一副骨架、一根骨头那里，我们也不能忽视这一点。所以在歌德看来，舍勒的头骨立刻就是宣示神谕的崇高容器。

在不考虑表达领域的情况下，我们并没有通过身体接近故
194 事中的纠缠者、人。但如果我们能让表达领域一起参与，那我们就处在故事之中。但与此同时，身体在后退。以这种方法，我们并没有接近人，我们无法使得应该随着“我们人”而被切中的东西出现。

所谓的生物学对象，在生物学意义上的身体和生命，是一种渐隐。我不敢根据生物学对象的内在内容而更进一步以实证的方式确定生物学的对象，即使我也相信得到这个对象的起点

是环——我们首先在其中发现身体与何用之物关系的环，我们从中到达刚性系统的环——即使我们也进一步相信生物学家以其关于物质和有生命物质或活着的物质的种种意见而囿于一种最粗糙、最原始的形而上学。但即使我们完全不考虑这一点，在我们看来也确凿无疑的是，生物学没有什么益处，如果纠缠在故事中的人不是始终可感地处在背景中，也没有人会将目光投向生物学，我们以某种方式或者绕过生物学而尝试着手与人的关系。在对细胞构造或单细胞生物构造的所有研究中，这样的人也处在背景中。如果我们能以寓言的方式讲，那或许我们会说：生物学家关心创世纪的第三天、第四天、第五天，与此同时，或许他将第一天和第二天转让给天文学家、物理学家或地质学家。但如同创世纪只有通过第六天才获得它的意义，并且从一开始就在一条直线上走向第六天，而没有第六天的话就会变成一些荒谬的、毫无意义的东西，甚至连自为地具有意义的未完成躯干也不剩下那样，如果生物学并不以某种方式致力于在故事中的纠缠者，如果生物学无法为理解他而提供尽管微薄的贡献，那生物学同样是无意义的。尽管有着一切详细实证的认识，生物学在总体上，在与一个上级整体的关联中可能是确凿迷信的一部分、一个神话，但是它失去了与伟大神话的一 195
切联系，并在总体故事中呈现出一种衰败景象，因为它没有从渐隐中找到回去的路，对此而言它就是渐隐，并且因为它没有寻找这条道路，而是取而代之，从渐隐了的东西出发漫无目的地建立一种世界，就像海克尔（Häckel）[①]及其后继者所尝试的那样。

在我们的语言研究中，我们发现了集体我们（Gemeinschaftswir），并尝试将其粗略地与人类我们（Menschheitswir）相联系。我们暂时得出结论，即集体我们显然是“我们人”的一部分，并以此明显有别于剩余部分。以此会产生这么一个印象，仿佛集体我们与人类我们一样达到同样深度。但随着这样的说法，我们会落入我们所寻找的构造物的僵化中，或者换句话说，落入渐隐中，渐隐同时使得我们看不见渐显的东西（Aufgeblendeten）与在朦胧和黑暗中的其他剩余整体的关联。当我们使用像“我们雅典人、我们德国人、我们法国人、我们汉堡人、我们哲学家、我们牧师、我们医生、我们棋手、我们股份公司X的股东”等表达时，在所有这些我们可以任意扩展的情况中，**我们**看起来达到了完全不同的深度。**我们**可以像“我们保龄球伙伴”那样完全一目了然。它在“我们哲学家、我们牧师、我们诗人”中会是深层的，或者至少给人以深度的印象。尽管我们在这里并非非常清楚地使用深度这个表达，我们或许仍然能够在所有这些**我们**那里勾勒出埋藏深度，即使我们或许还要区分深度本身的维度。与集体所下探到的深度问题相联系，我们可以问“我们人”具有怎样的深度。最初答案的结

---

① 恩斯特·海克尔（Ernst Häckel，1834—1919年），德国动物学家、博物学家、哲学家，对达尔文主义在德国的传播贡献良多，著有《宇宙之谜》《自然的艺术形态》等。——译者注

果会是多种多样的。我们会说，我们以此来到共同性的最大深度。我们也会说，人之存在的含义仍然少得可怜。

我们在集体那里可能又不得不区分有组织的集体，像国家、社团，以及诗人、哲学家的集体，后者更多是由一条内在 196
纽带集合在一起。在集体我们与人类我们的关系中，这些区别几乎不会引起我们注意。这两个**我们**之间最重要的区别在于，我们以可指明的方式进入集体，又能再次离开集体，在此，它仿佛涉及历史过程，与此同时，我们并不进入到人类我们，也无法从中退出，或者说进入和退出在这里具有完全不同的意义。人们可以疏远人类、寻找孤独，人们可以鄙视或者诅咒人类，尽管如此，人们仍然无法取消对**我们**的从属。对于**我们**而言，每个人都是被铁链锁住的，该铁链使得一个小的活动余地成为可能。只要在这个活动余地内活动，人们就感受不到铁链。但一旦人们严肃认真地打算逃脱，就会发现铁链很快就放完。

在全部集体中，只有一个集体与我们关联（Wirbeziehung）最紧密关联。这就是我们尝试以亲属（Verwandtschaft）这个表达去切中的集体，我们在这里指的是血缘的亲属，但根据我们的理解，它与身体只有很少的关系。这种亲属只存在于非常具体的关系中，如母亲–孩子关系、父亲–孩子关系，其中母亲–孩子关系或许是基本关系。所有其他的亲属关系都是从中衍生出来。兄弟姐妹、家族、氏族、部落、民族、种族、同源种族的集体都是建立在这种亲属基础上。在此，我们仿佛以自然的路径来到人类的**我们**。尽管如此，亲属本身是什么还处在研究中。在这里我们指的并不是生物学意义上的亲属、起源的过程，这对澄清我们所着眼的亲属几乎没有什么贡献。如果我们打算更进一步地研究我们所着眼的亲属，那我们就必须从母亲-孩子关系开始。这样我们发现的不是通常意义上的任何客体，
197 而是一个我们只能在故事中、通过故事、通过深入到母亲-孩子关系中才能接近的构造物。巴霍芬（Bachofen）在他的《母权论》中仿佛将该构造物视作原现象。

但将母权制与父权制进行对照，则把巴霍芬引导向我们无法在任何地方都遵循的体系。我们至少要这样来把握亲属，即它在某种方式上是一个母亲-孩子关系的反照，并与我们寻找的人类的**我们**密切关联。

母亲是最好的律师、最好的医生、最好的牧师。我们甚至可以在最终意义上将这些职业的本质性东西从母性（Muttertum）中推导出来，正如我们可以从母性中推导出父性（Vatertum）那样。园丁、牧羊人的职业也包含了许多母性或母爱。我们只能通过故事接近这种母性，或许更好地说，接近母亲方面的东西。它与每个人的生活故事一起出现，并且与每个人的生活故事交织在一起，不仅在歌德和拿破仑那里，在每个工人家庭的孩子和每个所谓最原始民族的孩子那里都是如此。在世界文学中，这种关系——在这里，关系是一个完全不充分、有误导性的表达——出于可理解的原因大多数是从孩子方面而来的，例如从母亲对伟人的影响来看。这是一种片面的观察。另一方面，即孩子在母亲故事中的角色同样重要。孩子对母亲的意义

和母亲对孩子的意义同样多。这里关系到一个伟大而全面的统一，它的核心或许在于最大的快乐和最大的幸福穿透过每一份操心、担忧、劳动，并且在这里，悲伤与痛苦也有它自然的位置。就母性在它通向最大的幸福的道路上也忍受最大的痛苦而言，母性可能是最大的冒险。这种表达很粗糙，因为在这里，幸福和悲伤的相互渗透或许是无法言说的。从孩子的角度来看，他一生的故事随母亲-孩子关系而开始；从母亲的角度来看，母亲-孩子关系意味着生命的高峰，它从孩子的出生经过童年一直到与 198
少年和成年的关系而不断转移，并一直获得新的内容。这种关系交织进孩子的内在成长中，或者承载着这种内在成长。

这种关系反映在母亲女神起重要作用的所有宗教中。在神作为父亲显现的宗教中，这种最终关系以某种方式缺失了，人与人之间的原关系缺失了，这种起源并没有被切中。但人们或许有同样的理由说：父性只是母性的一面，是母性的反映，是被驯服的母性，母性的东西总是随着父性的东西一起闪烁，每个父性背后都有母性。

我们打算澄清亲属是什么，最终将所有人集在一起的亲属是什么，我们认为，对亲属的所有谈论都以母亲-孩子关系、孩子-母亲关系为基础。这种关系即使只是中止一天，世界就会陷入最大限度的无序和混乱中。但随着这句话，我们又后退到一种外在的观察方式。我们并没有以此切中这种关系的决定性的东西。

我们感受到我们在此仿佛在一个重要意义上通过母性和父

性、通过母性的散发而尽可能如此近地接近**我们**。在此我们或许可以谈论**我们**的物质内容。

现在我们转向一种完全不同的、从另一方面发现**我们**的观察方式，并且希望最终找到两种观察方式之间的桥梁。如同我们首先在个别故事中遇到**我**、遇到在故事中的纠缠者那样，在此过程中我们也遇到**我们**，即使只是在视域中的一个不封闭的**我们**，我们面对的是作为在世界史或世界故事中的某些封闭物、可触摸物的**我们**，我们本身就属于**我们**。我们或许可以尝试首先从人民、民族或国家的历史出发，就像从希罗多德、修
199 昔底德、李维、兰克或者莫姆森呈现给我们的历史出发，从所谓科学的历史出发，它们以最大可能达到的客观性为要求而写成。但在这些历史中，我们并没有切中我们所寻找的**我们**，并没有切中全面的**我们**。它们不是真正意义上的世界史，而是或许有意识地放弃成为真正的世界史，即使伴随着放弃的感受。我们在黑格尔那里才发现对具有科学世界史特征的世界史的真正尝试。但我们不想在这里深入研究这个尝试，因为它并不像我们发现的其他“世界故事（Weltgeschichten）”那样如此近地引向我们所寻找的**我们**。

如果我们在这里谈论世界史，那我们就因此偏离了惯常的语言使用。特别是在通常意义上的世界史的真或假、正确性或不正确性，其并没有引起我们的兴趣。或者我们可以说，吸引我们的是世界史的内在内容。在这里我们也毫不犹豫地从我们的立场出发去谈论各自的世界史，但各自的世界史又不是缺乏

内在关联的，所以我们或许也可以谈论各自的世界史的一个历史，它当然永远无法完成，但它可以说是各自的世界史从未完成的屋顶。

在这些我们所着眼的塑造成型的历史中（我们在其中遇到了完整的**我们**），距离我们最近的是我们在其中长大的基督教的世界史。我们回忆起这个世界史及其与**我们**的关联。

我们在这里谈论的世界史、各自的世界史与我们的出发点故事具有共同点，即它构成一个统一，它从开端到结束是一个统一的历史，我们在其中都有自己的位置或者都有一席之地的历史。不可能有两部世界史共存。这与以下这一点无关，即根据某种预设的世界观念、空间和时间世界观念，不可能有两个世界。在我们那里不考虑这种世界表象，因为它与我们所寻 200
找的**我们**没有关系，或者与我们所研究的**我**和**我们**只有遥远的关联。

在这种世界史中，作为纠缠在故事中的每个我不仅要具有一个位置或点，而且他还要伴随着他的故事一起有意义地进入整体中。整体必须具有意义，类似于个别故事那样，并且这个意义——如果我们看得正确的话——只能与每个个人所从属的**我们**相关联。所以，如同个人是纠缠在他的故事中那样，他也是纠缠在世界史中，也就是说与他的共同纠缠者一起从属于一个**我们**。

除了这种世界故事，我们认为它们不是虚构的，而是我们发现的，如同我们发现个别故事那样，还会有替代世界故事或反世界故事，我们也发现它们，但我们认为它们也是从世界故事中获取其力量，即使以渐渐萎缩的形式，但它们还保存着世界故事，或者默默地从世界故事出发。当自然科学的观点和与之紧密相连的生物学观点尝试越过在其特殊科学的成果基础上为其设置的边界，并接近我们意义上的世界史时，它们也属于这种世界故事。

但是将世界的整体视作原则的现实化的观点，例如视作善与恶原则的斗争，或者换个说法，视作一种道德机构——在其中绝对的善应当实现或实现了——这些观点也属于这种世界故事。

我们发现，世界史或我们的出发点——世界故事，是塑造成型的世界史。在这里，我们或许又可以将我们感觉到我们本身属于这个故事中、感觉到与其他人一起纠缠在其中的情况与以下这种情况相区分，即世界史在一个独特意义上作为他人的世界史面对我们，他人的世界史声称要抓住我们、将我们卷入其中，但在这里，我们没有遵循这种要求，而且置身于它之外，并以此拒绝它是世界史。

201 我们在这里关于世界史所说的并不是要给出一个我们着手现成世界故事的标准。我们并不打算以此对世界史指手画脚，而是说就像我们的整个研究都在着手个别故事或生活故事那样，我们同样无成见地，或者充满成见地着手被发现的世界史，我们在这里发现我们本身所纠缠入其中的世界史和我们首先并没有感觉到纠缠入其中的他人的世界史的区分，类似于我们在此前得出的他人纠缠和本己纠缠的区分。并不是说在这个层次上机械地重复区别，而是说我们只发现了一些类似的东西。

所以在这里我们想到深信不疑的基督徒纠缠在基督教意义上的世界史中，与他对同样给出一个世界史的其他宗教的表态之间的区别，例如对异教的世界史，或者对犹太人的世界史，或者对穆斯林的世界史，或者也是对以某种方式切中世界的无历史的种种世界观的表态，尽管它们或许只是以辩论的方式去掉历史。

在这里人们会问，我们凭什么把我们意义上的世界史作为塑造成型的世界史依赖于宗教，为什么我们不尝试从某个自然的世界史出发。原因很简单，我们只能深入分析现成的世界故事或现成的世界史，并且除了这种宗教的世界史，就没有作为我们意义上的故事的世界史、作为指出整个我们都是纠缠在一个故事中的故事的世界史。

我们现在尝试在作为我们找到的世界史、作为在我们迄今为止的思考过程中指引我们的世界史的基督教意义上的世界史那里，详细澄清世界史是什么。在这些思考那里，无论是作为本己纠缠者的虔诚基督徒，还是在这里只是看到他人纠缠的其
他人，都没有什么大的区别，但在这里，我们不得不考虑到每 202
个他人纠缠也在其中包含着一个本己纠缠的核心。

在基督教意义上的世界史是一个统一的故事。它具有一个开端，人们几乎可以将它称作绝对的开端，它也将故事的结

束一起带入世界史中，它在其中将随着世界末日而结束，但世界末日并不意味着真正的结束，或者最多意味着世俗历史的结束。每个人都在自己的位置上纠缠在这个世界史中。但基督教教义并不谈论纠缠在故事中，而是谈论纠缠在罪中。这种在罪中的纠缠与我们所理解的在故事之中的纠缠有关。但它在基督教教义意义上远未与之相吻合。个别的纠缠者并不是在基督教教义意义上的原子，人类并不是原子化成个体，而是一个个个体构成一个封闭的集体、一个封闭的**我们**。上帝将其气息传给人类的祖先亚当，上帝的气息被亚当转到亚当的每个儿子。每个人都分享到这个统一的上帝的精神，并以此是上帝的孩子。但当他分享这上帝精神的同时，他也通过亚当的原罪而纠缠在罪中。但每个人也通过上帝的宽恕和基督的献身而从罪中得到拯救——基督为所有人而死。

每个人都通过接纳正确的信仰，通过洗礼和圣餐而进入大集体中，但在此之前他也已经属于它了，如果我们可以在这种关系一般中谈论之前和之后的东西。这也不是说个人在这个集体之外还有某个含义。如果我们要谈论这样一种含义，那只有迷失的存在（Verlorensein）的含义可以考虑，但这个含义从基督教集体里被拯救的存在（Geborgensein）的实证中才获得它的意义。即使到最后一刻，这种迷失的存在也不是已成定局的。回归天父的家始终是随意的。

对从属，对一个**我们**的、无所不包的集体的内在从属，总是在新的转向中被把握。

一个重要的图像，事实上不仅仅是一个图像，即上帝是所有人的父亲，所有人都是上帝的孩子，他们之间都是兄弟，他们彼此都是周围的人，没有谁比其他人更重要，体弱者、病人、疲惫的装卸工作为上帝国度中的孩子都是平等的，上帝像父亲那样爱人，祂牺牲了自己的独生子，为了将人、祂的孩子从罪和死亡中拯救出来，祂的儿子有着人的形象轮廓，变成人群中的人，以实行救赎的事业。接纳这些人的种种关系不仅仅构成一个连接点，也还构成一些不同于类似情况的东西。我们或许可以说，在这些关系中，在父亲–孩子关系中——有时也参考母亲–孩子关系——已经是包含了某些神性（Göttliches），这种神性只是为了获得对上帝子民关系（Gotteskindschaft）的伟大展望而显露出来。我们也会想起歌德的格言："如果眼睛不类太阳，则太阳终不可见，如果上帝的力量不在我们之中，则神性如何使我们欣喜若狂。"[①]如果有人想深入基督教教义中，那或许可以从所有这些方向探寻。所有这一切或许是与基督教教义一起被提及的，它是每个人视域中现成的东西，它能以某种方式扩大成基督教的世界史，或许会有不断偏离的危险。 203

我们进行哲学思考只是为了表明，在这里，一个封闭的世界史是如何从内向外建立起来的——我们无法真正地说建立——基督是如何参与到世界史，**我**和**我们**是如何在世界史中被取消的，**我**在**我们**当中的分离又是如何以此被消除的，**我们**

① Wär' nicht das Auge sonnenhaft, wie sollte es die Sonn' erblicken, steckt' nicht in uns des Gottes Kraft, wie könnt' uns Göttliches entzücken.——译者注

是如何成为一个集体我们。我应该是我兄弟的守卫者吗？现在这个问题不可能再被提出了。每个人都要对每个人负责。按照传统的说法，我们会说人这个概念通过上帝这个概念才以此达到它的真正充盈。根据我们的观点，我们已经以此远离故事性的东西。有一个统一具体的故事，它与基督同样具体，但在这
204 里，“具体的”这个表达对于我们而言具有一个特殊含义，至少就它没有参照我们没有发现的普遍物而建立起来而言。说上帝和人类一起寄托在其他什么东西上，或者说上帝和人类的概念在这个上帝与人类的统一之外有一个意义，是没有意义的。

我们也可以在类似视角下深入伊斯兰教。我们认为，我们在这里也发现了一部世界史，在其中包含了**我**和**我们**、全面的**我们**。我们在佛教中或许也会找到对于这样一部世界史的起点。但我们不得不走得更远，因为无论如何在第一印象中用一个统一的历史来概括所有人并不构成真正的基础，**我**和**我们**的关系根据完全不同的视角而出现。

如果我们不考虑黑格尔的尝试，那在这些宗教区域之外，我们找不到任何世界史，也没有在这些世界故事中在与我们相遇的意义上遇到**我们**。我们只找到了国家史，但这并没有深入**我们**。但并不是说不知道**我们**。然而这个**我们**不会是活生生的，因为它相比起全面的**我们**而言，仅仅将自己束缚在国家中，没有接触全面的**我们**。其他民族就是其他民族，民族之间漠不关心或彼此敌对。

我们还可以将目光转向在哲学系统中遇到**我们**。但我们不

会找到包含在一个世界史内的**我们**。我们现在没有意图或雄心在现成的世界故事之外确立另一个新的世界史，或取而代之。我们无法创造世界故事，就像我们根本无法创造故事一样。我们找到它，要么像纠缠在他自己的故事中那样与其他共同纠缠者一起纠缠在世界史中，要么与之保持距离。在这里的问题是，这最终到底意味着什么。人们通常所说的世界史、民族史及其文化史、世界帝国史都不是世界史，也没有引领我们接近 205
世界史。对我们而言，询问某个能被考察的自在存在的世界史也是没有意义的。我和我们都纠缠在其中的世界史始终是准备安排好的。没有人能、没有人曾纠缠在一个客观的世界史中，它的内容到今天还没被确定。

当我们谈论世界帝国时，那在这种构成中的世界所意味的不同于我们理解的世界史，因为在所谓的世界帝国中并没有把握到全面的**我们**。

如果基督和彼拉多（Pilatus）进行对话，那根据我们的理解，基督属于某个世界史，是某个世界史的承载者。在这个世界史的意义上，彼拉多也属于这个世界史。他在其中或多或少占有重要的位置。他属于这个世界史的**我们**。

但彼拉多首先是一个世界帝国的代表。在这个世界帝国中——所以我们可以说——基督也占有一个位置。但由于世界帝国并不认识**我们**，所以对于真正的基督来说，其在这个世界帝国中没有位置。因此彼拉多也并不理解基督。

即使我们现在无法尝试去创造或构造世界史，但我们还能尝试去说明它，尤其是我们始终能重新专心致志于**我**和**我们**的关系中。在我们的整个观察里，我们从自我纠缠者出发，从个别故事或种种个别故事出发，并且认为一个我们纠缠也总是在全面的**我们**的意义上与自我纠缠一同被给予。在我们看来，这种在世界史方向上的我们纠缠出现在每一个神话中。

我们也可以衔接上我们关于叙述和听的观察，即对于我们所理解的每个故事而言，仿佛在我们故事的视域中必须现成的有一个位置，一个只是需要得到充实的空位，但它在视域中仿佛已经朝向某一个方向，在方向这里，我们不仅会想到从**我**出发的方向，也会想到从故事出发的方向。叙述的技艺，尤其是耶稣使徒和传教士的技艺，就在于寻找这样的连接点，或者换句话说，架起通向他们所宣告的世界的桥梁。看起来有许多这样的连接点，以至于我们几乎无法对此进行概述。在这里，我们或许又可以区分教义和范例。在教义中，像使徒保罗会在雅典人那里连接上未识之神；但人心最容易乐于接受事例。信徒的潮流会通过殉道者涌入一个新的国度、新的关联，以心和感受的方式要比以理性和知性的方式更容易把握到这些新的关联。基督的牺牲在殉道者的死中更新，同时我们思想（Wirgedanken）也在牺牲的最终结果中得到确证。正如在全世界中，父亲和母亲为了拯救孩子而牺牲自己是自明的那样，殉道者表明了在祂所属的国度中，每个人都是其他人的父亲、母亲。